太阳系密码

何贵恩 ◎ 著

知识产权出版社
全国百佳图书出版单位

图书在版编目（CIP）数据

太阳系密码 / 何贵恩著 . -- 北京 : 知识产权出版社 , 2018.5
ISBN 978-7-5130-5400-3

Ⅰ . ①太… Ⅱ . ①何… Ⅲ . ①太阳系 – 普及读物 Ⅳ . ① P18-49

中国版本图书馆 CIP 数据核字 (2018) 第 006894 号

责任编辑：徐家春　　　　　责任出版：孙婷婷

太阳系密码
TAIYANGXI MIMA

何贵恩　著

出版发行	知识产权出版社 有限责任公司	网　　址	http://www.ipph.cn
电　　话	010-82004826		http://www.laichushu.com
社　　址	北京市海淀区气象路 50 号院	邮　　编	100088
责编电话	010-82000860 转 8573	责编邮箱	xujiachun@cnipr.com
发行电话	010-82000860 转 8101/8029	发行传真	010-82000893/82003279
印　　刷	北京中献拓方科技发展有限公司	经　　销	各大网上书店、新华书店
开　　本	720mm×1000mm　1/16	印　　张	8.25
版　　次	2018 年 5 月第 1 版	印　　次	2018 年 5 月第 1 次印刷
字　　数	86 千字	定　　价	38.00 元
ISBN 978-7-5130-5400-3			

出版权专有　侵权必究
如有印装质量问题，本社负责调换。

51/ 第 9 章 火星

59/ 第 10 章 木星

69/ 第 11 章 土星

81/ 第 12 章 天王星

91/ 第 13 章 海王星

97/ 第 14 章 冥王星

103/ 第 15 章 柯伊伯带

109/ 第 16 章 彗星

121/ 第 17 章 结语

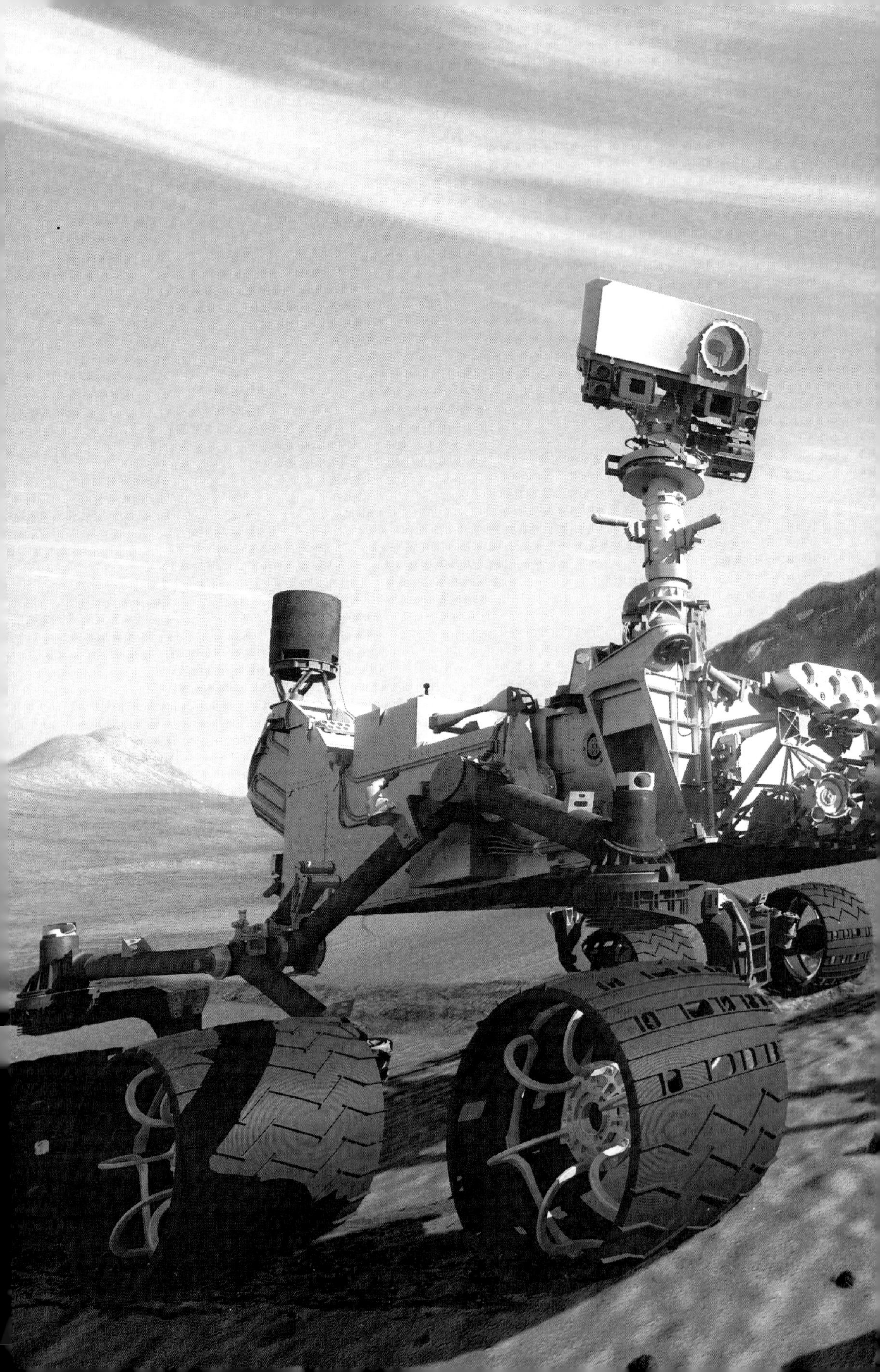

前 言

自古以来，人们对浩瀚宇宙不断地提出这样或那样的疑问和猜想，例如关于"地心说"与"日心说"的激烈争论，当"日心说"确立之后，人们才逐渐了解了我们生活的地球在太阳系中的位置，逐渐了解了太阳系。

近代以来，随着探测技术的不断发展，人类对太阳系的认识日趋深入，尤其是近几十年来，人类对太阳系积累了大量的资料，其中既包括观测的资料，也包括实际探测的资料，我们能不能利用这些数据去探寻、推演太阳系的形成呢？答案是肯定的。

太阳系是如何形成的？按照目前公认的说法，宇宙中第一代大恒星演变到最后发生爆炸，形成了原始太阳星云，原始太阳星云的中央部分慢慢形成了现在的太阳，外围的物质通过"吸积"作用形成了太阳系各大行星、卫星以及其他天体。按照这个说法，我们周围的一切，包括我们自己都来自于第一代恒星大爆炸。

在本书中，著者大致演绎了第一代大恒星的形成过程，叙述了宇宙中最初的恒星形成过程，并着重讨论了太阳系的形成过程，尤

太阳系密码

其是太阳系内部的行星，它们的形成既有统一的规律，又有各自不同的特点。

本书谈论的并不是什么艰深的问题，只是探讨曾经发生在宇宙空间的一个物理过程。现在我们对太阳系的一些基本情况已经非常了解，包括太阳及各大行星、一些主要的卫星和矮行星的质量、半径、密度以及它们的运行轨道半径、轨道倾角等，在读此文时可参照相关资料去读。

发生在宇宙空间的物质演变规律和我们在地球上的体验是完全不同的。现在人们对地球以外的宇宙空间环境已经比较了解了，而我们即将讲述的原始恒星形成过程对我们来说是非常漫长的。现在人们一般认为，太阳系的形成发生在距今大约四十五亿年以前，第一代大恒星爆炸发生在太阳系形成之前，人们推测，第一代大恒星爆炸的时间大约在距今大约五十亿年前。

在叙述太阳系形成的过程中，基本上是按太阳系的各部分依次进行的。太阳系各大行星形成过程相似，许多原理是相通的，但每颗大行星的形成又各有特点，有的现象可能在某一颗大行星的形成中显现得比较突出，在叙述这颗大行星形成的过程时就在此现象上多谈一些，谈得细一些。

当您看过此文后，会觉得这里提出了一个完全不同于以往任何关于太阳系形成观点的新观点，它试图用现在太阳系的客观存在去推导出太阳系的形成过程。这显然得益于人类对太阳系探索取得的

前　言

巨大的成就和互联网的普及，我们每个人几乎随时都可以在互联网上看到对太阳系探索的最新进展，以及对太阳系研究的各种信息，甚至也可以发表自己的看法。通过互联网，我们看到了土星光环的真实的情况，看到火星地表荒凉的景象，真实得就像地球上某一片似曾相识的荒漠，通过互联网我们见证了彗星与木星的相撞……这些在以前简直是不可想象的。人们为探索太阳系付出了巨大的努力，仅仅为揭开冥王星的真实面目，人类发射的"新视野"号探测器在太空中飞行了近十年的时间。

太阳系是在一个统一的过程中形成的，它的形成也是严格遵守了客观规律，太阳系各个部分的形成是紧密联系、环环相扣的。

太阳系的形成过程以及在这个过程中所遵守的一些客观规律，在人类对太阳系的不断探索中是能够逐渐地被我们认识到的，也许将来人类会编写出一部较为可信的太阳系史。这应该是一项由众多学科通力协作才可能完成的极其神圣而浩繁的工程，不过当前我们权把本书中所述的内容想象为一部恢宏的宇宙传奇吧！

作者

2018 年 5 月

目录
CONTENTS

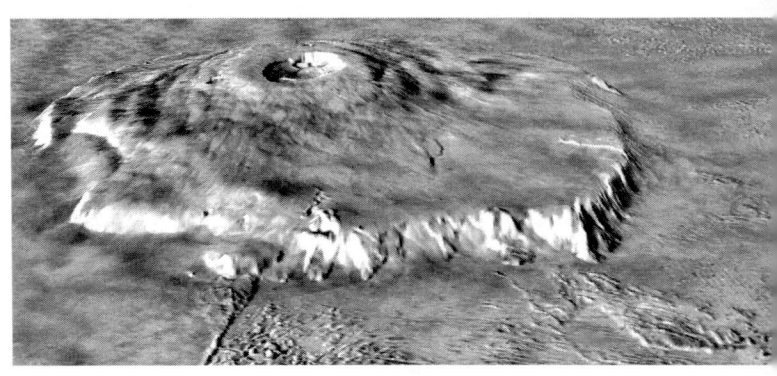

1/ 第1章 太阳系大爆炸

7/ 第2章 早期的宇宙

11/ 第3章 原始太阳

17/ 第4章 原始太阳的终结

23/ 第5章 行星的诞生

33/ 第6章 水星

39/ 第7章 金星

45/ 第8章 地球

第1章
太阳系大爆炸

太阳系密码

2014年年末发生了一件引人关注的事情，欧洲航天局发射10年之久的彗星探测器——罗塞塔成功地向67/P丘留莫瓦-格拉西梅彗星释放了一颗着陆器——"菲莱"，这是人类的探测器首次在彗星上着陆。菲莱的主要任务是在彗星上寻找水和能够形成生命物质的痕迹，以用来解释地球上大量水的来源和地球上能够形成各种生物的原因。有观点认为，彗星在经过地球时给地球带来了这些物质，最终形成了地球上的生命。真的是这样的吗？也许"菲莱"可以给我们答案！

其实在太阳系中存在的疑问太多了，需要探索的问题

第1章　太阳系大爆炸

太阳系的结构

也太多了，归根结底就是要弄清楚太阳系是怎样形成的。

按照现在天文学的理论，大约在130亿年前宇宙大爆炸后最先形成的一些大恒星，这些恒星质量巨大，以至在它们上面的物质演变也特别快，后来又发生了爆炸，爆炸

太阳系密码

产生的一部分碎片形成了太阳星云，太阳星云经过漫长的收缩形成今天的太阳系，甚至包括我们人类自己。

然而这仅仅是天文学家们在理论上的一种推测，太阳星云是如何形成的？太阳星云又是如何进一步演化成太阳系的？太阳系的形成有没有其他可能呢？在许多具体问题上还需要寻找更多的证据，做进一步的探讨。

现在人类对太阳系的了解比以往任何时候都要详尽，人类在对太阳系的不懈探索中已经积累了大量翔实的资料。根据这些资料，可以推导出太阳系是由一次大爆炸形成的。

通过建立模型，我们可以了解到早期宇宙的情况，这对我们了解那次爆炸是十分必要的。

为了使这种推测简单些，我们不妨就大胆地把形成太阳系的爆炸看成是类似第一代大恒星的爆炸。这次爆炸的物质在宇宙中逐渐形成了一个行星系,并且只形成了一个行星系,就是太阳系,而现在的太阳系正是这个大爆炸的遗迹。

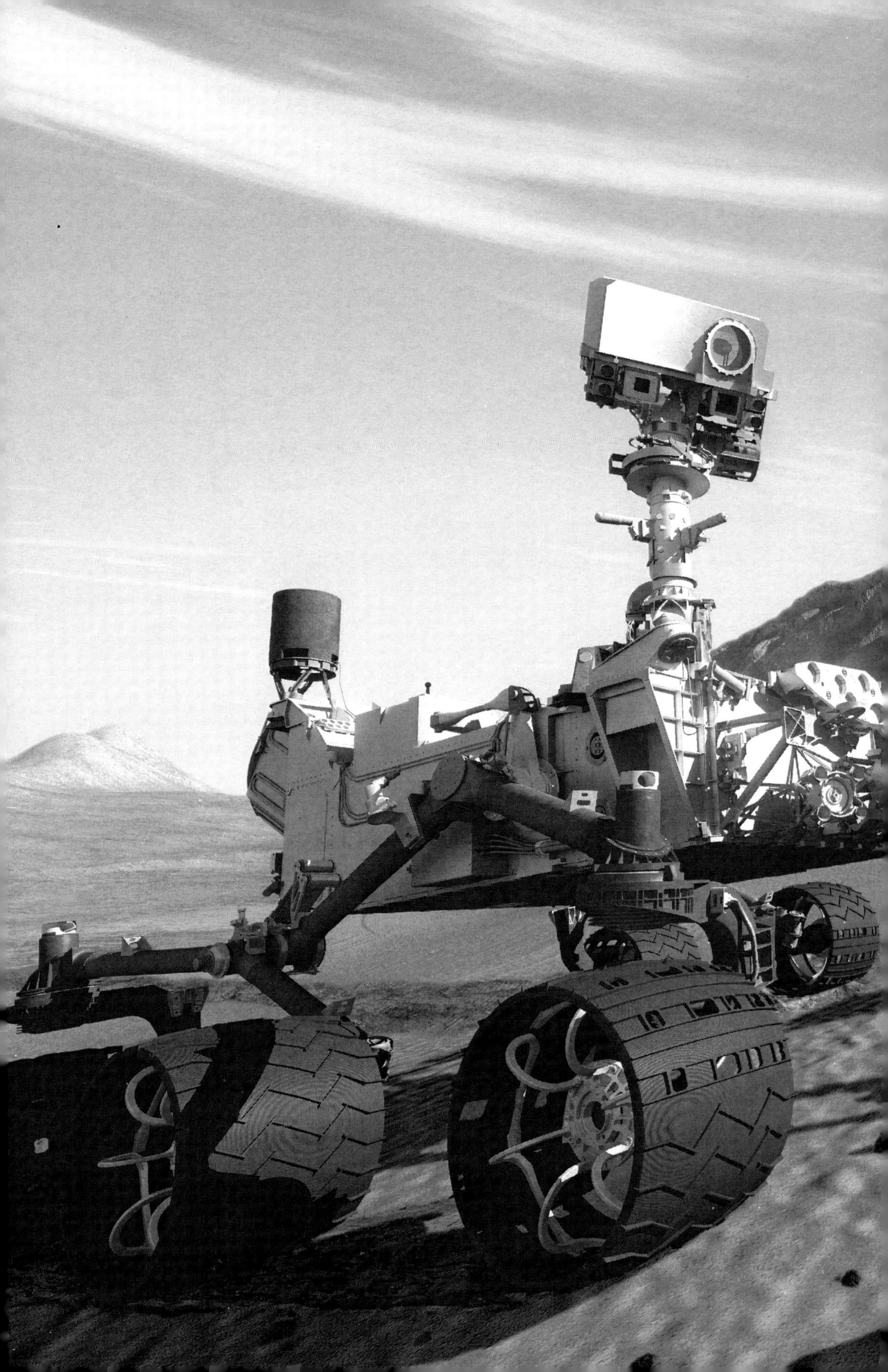

第 2 章
早期的宇宙

太阳系密码

当前普遍接受的观点，宇宙诞生于130多亿年前的一次大爆炸，这就是所谓的宇宙大爆炸。

宇宙大爆炸观点认为，宇宙是由一个致密炽热的奇点于137亿年前一次大爆炸后膨胀形成的。最初的碎片就是组成现在各种物质的基本粒子，这些粒子形成了最初宇宙间大量的氢元素和少量的氦元素，而形成各种较重的核元素，则需要漫长的时间。

根据原子物理学的知识，现在我们周围的物质是由一百多种自然存在的元素组成的，不同元素的原子核是由数量不同的质子和中子按一定规律组成的，每种元素的原子核都称为代表该种元素的核子。由于引力作用这些靠近了的较重核子中又产生了一些质量更重的核子，即使是在现在的木星内部，有天文学家认为那里可能依然存在着类似这样的核反应。

这种核反应开始进行得十分缓慢，然后逐渐加速，慢慢地在充满氢气和氦气的空间里形成了一团密度较大的物质。这些密度较大的物质慢慢地把十分分散的氢气和氦气吸引到周围，形成了一个巨大球形的天体，这就形成了所谓的第一代恒星。

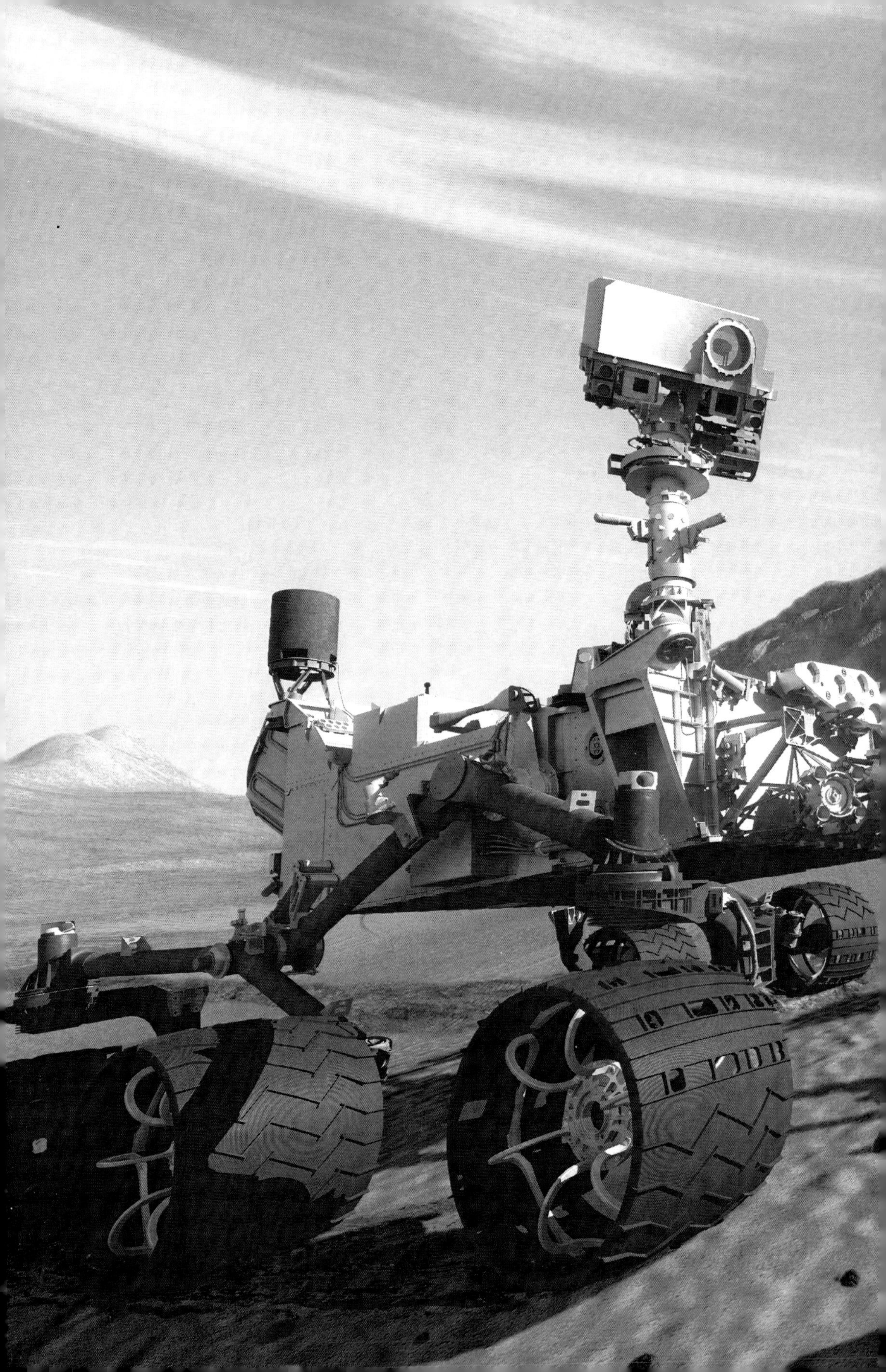

第3章
原始太阳

太阳系密码

我们再看那颗后来形成太阳系的最初的恒星，为了叙述方便不妨就把它称作"原始太阳"。

这个原始太阳的外面是由大量的氢气和少量的氦气组成的厚厚的大气层，在中心位置是由一些密度较大的物质组成的原始太阳的内核。虽然原始太阳内核的物质密度要比它的大气层密度大得多，但是这个内核所占的体积要比外面的大气层小得多。

原始太阳形成后一方面在宇宙中运行，一方面又绕自身转轴转动，在它内部持续进行着核反应，不断产生出质量更大的核子。这时的原始太阳并不发光，由于在它内部不断进行着核反应，这些反应会产生一定的热量，所以原始太阳向宇宙空间中不断地辐射热量。

原始太阳内部的核反应将把原始太阳引向何方呢？

这些质量更大的核子组成的物质不断向原始太阳内核的深层渗透，这些密度更大的物质总是要占据原始太阳内核中心的位置。在这一过程中不断产生出新的元素和新的物质，并且基本上决定了每种常见元素在太阳系中的质量多少。

上述过程中既产生了构成原始太阳内核的物质，又同时产生了各种大量的气体，这些气体释放到原始太阳大气层中。在原始太阳强大引力的作用下，原始太阳大气层中的气体按照密度大小分层排列，密度大的气体分布在大气层的下面，更接近原始太阳的内核。气体在原始太阳大气层中由内到外的分布顺序大致为：二氧化碳、氮气、水蒸气、氦气、氢气。这些气体是原始太阳内核中许多物理、化学反应的产物。这几种气体是比较稳定的，以至在现在大行星、某些卫星甚至在小行星上还有它们的踪迹。

在高温、高压的环境里，原始太阳大气层内部经常刮起极其猛烈的风暴，下面的气体不断猛烈地向上翻腾扰动，以这种方式向外传递原始太阳内核产生的热量。在这一过程中，二氧化碳和水蒸气之间可以发生化学反应，这是有机化学反应，产生出甲烷、乙烷、氰化氢等有机化合物和氨，这一过程甚至可以产生相当复杂的有机化合物。这些有机化合物，至今仍广泛分布在太阳系各个角落。这些物质应该都是在这一时期生成的，逐渐积累在原始太阳内核的外面，在一次巨大"变故"中散发出去的。

第 3 章　　原始太阳

以往，人们普遍认为地球上的石油、天然气、可燃冰以及刚刚被大量开采的页岩气等能源是由地球上曾经不断死去的生物形成的，但也有人对这个观点提出了质疑，如果前面我们所提到的二氧化碳与水蒸气的化学反应确实发生过，那么这种质疑是有一定道理的，可能是在地球最初形成的时候，这些物质就已经融入到组成地球的物质中了。

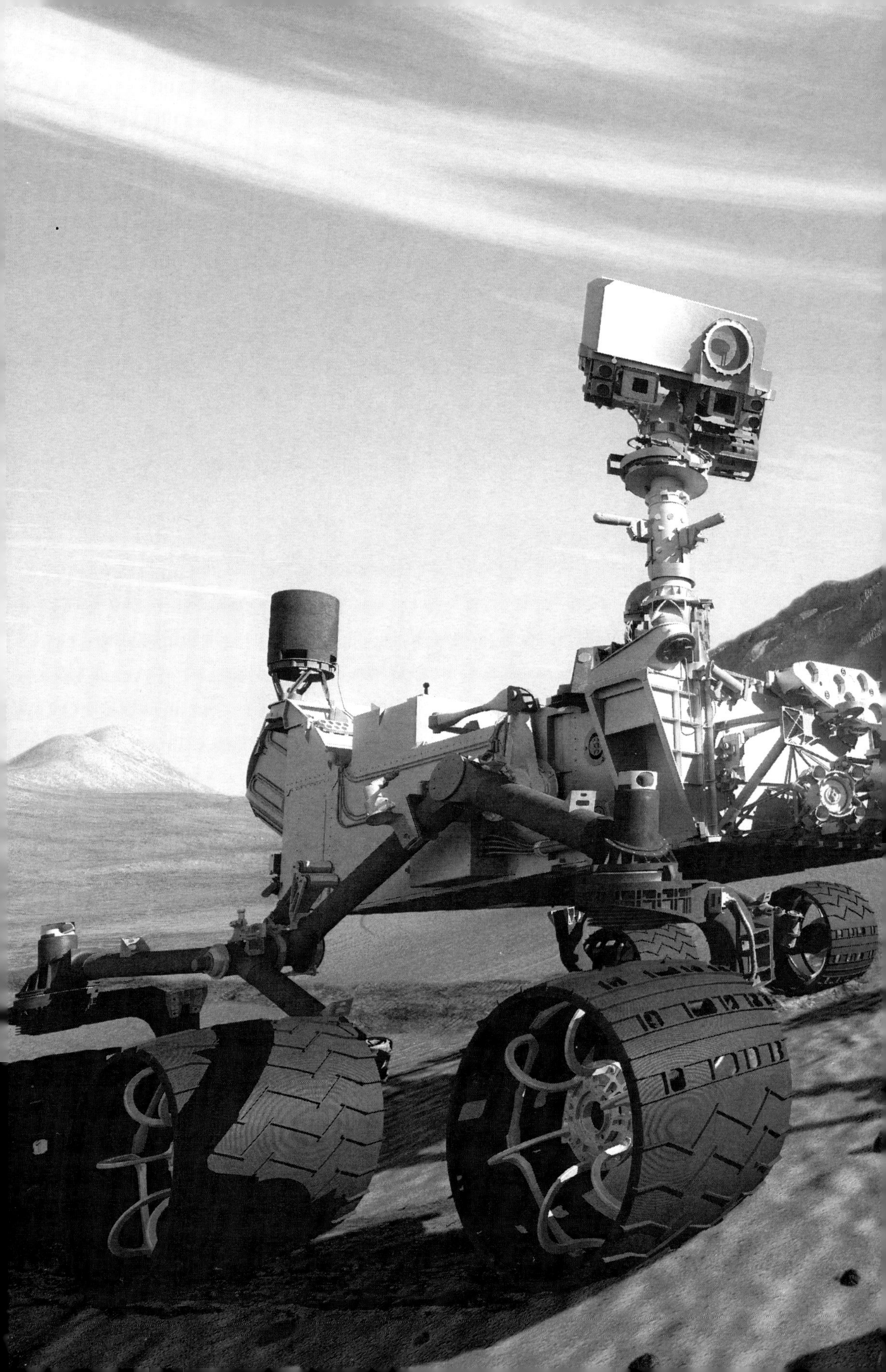

第4章
原始太阳的终结

太阳系密码

在厚厚的原始太阳大气层的巨大压力下，在不断进行的核反应产生热量的作用下，原始太阳的内核具有很高的温度。

原始太阳的内核中不断进行着核反应，核反应的结果是产生了一些更重的核子。这些更重的核子都聚集在原始太阳内核中心的周围，就在这些核子从四面八方占据了原始太阳中心的一瞬间，原始太阳中心发生了极其巨大的核爆炸，这是核聚变产生的核爆炸，这是多少亿年来物质收缩所积蓄能量在瞬间的释放。

在爆炸发生后，爆炸产生的高温、高压气体极其迅速地扩张膨胀，这些爆炸气体携带着原始太阳内核深处密度较大的物质冲破原始太阳内核，使外面的大气层迅速扩散，原始太阳的内核在这个大爆炸的作用下解体了。

原始太阳的大爆炸是在它的内核中心发生的。原始太阳的内核十分巨大，发生在原始太阳内核中心的核爆炸在瞬间产生极高的温度和极大的压力，这样的温度和压力通过爆炸瞬间产生的气体向外传递。原始太阳内核深层的物质密度比较大，这些物质混在爆炸气体中，和气体一起扩散，冲破了原始太阳内核外层物质的束缚，原始太阳内核外层物质的密度都比较小，它们冲进正在扩散的原始太阳大气层里与大气层的气体一起向外猛烈地扩散。

不论是原始太阳内核深层物质还是它的外层物质，由这些物质组成的爆炸碎片最初都是一些大大小小四处飞溅

太阳系密码

的"岩浆团",它们都混在气体中沿着原始太阳的旋转方向猛烈地向外扩散。这些"岩浆团"的大小差异极大,有的小如鸡蛋,有的则比现在依然存在的最大的爆炸碎片还要大,这些爆炸碎片可独自形成大行星的卫星或小行星,有的在自身引力的作用下已经收缩成了球体。

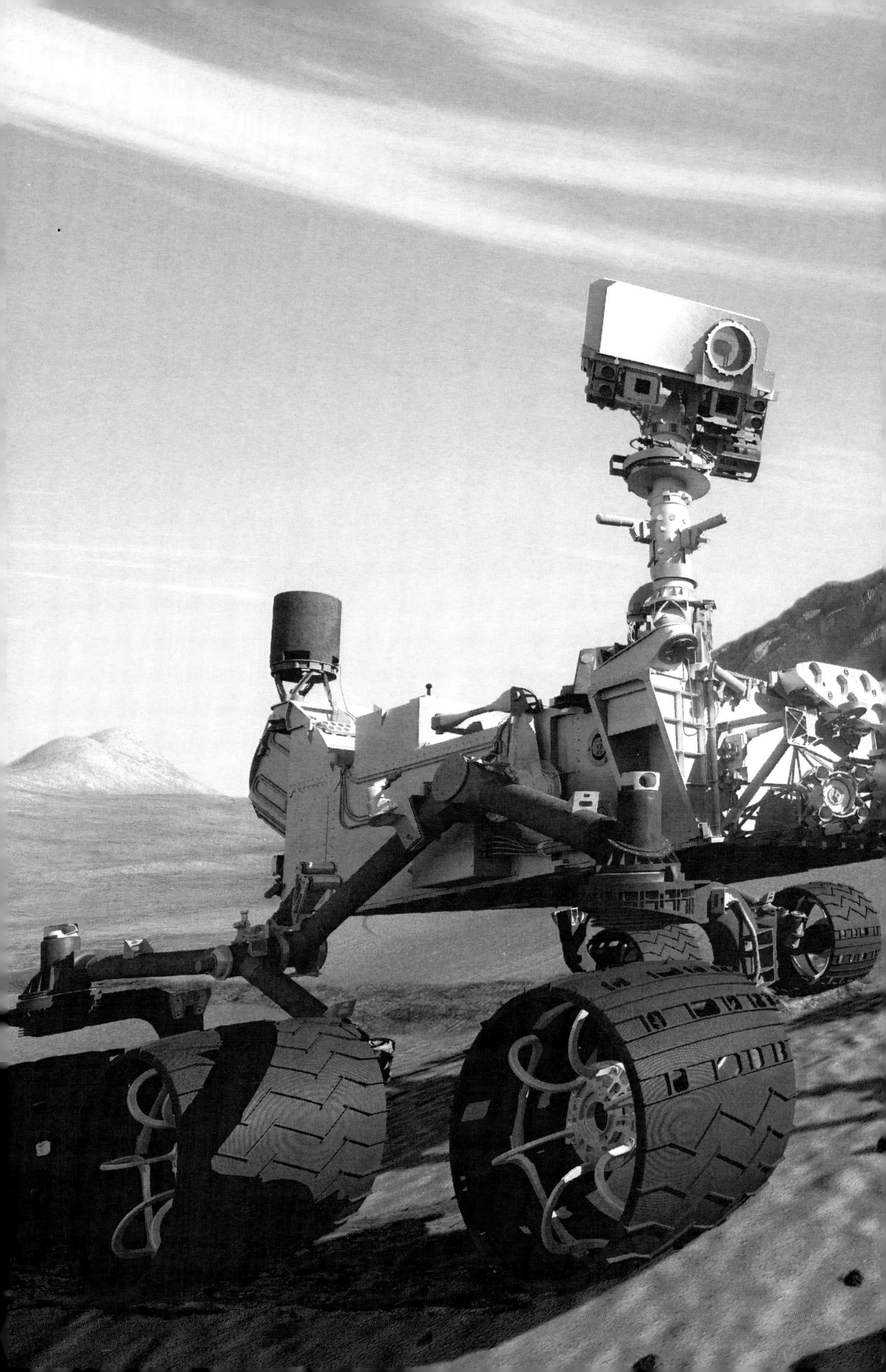

第 5 章
行星的诞生

太阳系密码

原始太阳的巨大爆炸使它周围广阔的宇宙空间陷入了极度混乱和无序的状态。这次爆炸使这一区域经历了一场无比惨烈的"浩劫",留下了一片惨不忍睹的"废墟",但就是在这样的"废墟"里却包含了后来形成太阳系所需要的全部物质。

显然,经历这场"浩劫"之后,不会存在任何形式的生命(假设原来存在的话),但却包含着形成生命的因素,这些因素在适当的环境下就有可能"孕育"出最初的生命形式。在这片"废墟"上会演变成怎样一个新的天体?如何演变?这需要极为漫长的时间。

第 5 章　　　　行星的诞生

在这片"废墟"上,这种极度混乱和无序的状态在慢慢地发生变化。

首先在爆炸中心,一些密度很大的物质聚集在一起,这些物质虽然也经过了扩散,但扩散的距离不远,在那里又集中了原始太阳大部分的质量,并对整个原始太阳的扩散物质都有引力作用。我们知道原始太阳爆炸时是处在旋转状态,而且转得很快,这样所有的扩散物质都是在围绕着原始太阳转轴的旋转中扩散的,这对后来太阳系的形成是极为重要的。

气体有依附在质量大的物体周围的趋向,在没有重力的太空中,小的物体和尘埃都会散布在气体中,形成爆炸碎片和气体组成的混合体。爆炸碎片和气体之间的关系应当是这样的:爆炸碎片使气体停留在它们周围,没有这些

太阳系密码

爆炸碎片，气体最终会回到原始太阳爆炸中心周围；而气体使爆炸碎片慢慢结合在一起，有些形成了行星，没有气体间的相互作用，爆炸碎片是很难结合到一起的。

原始太阳大爆炸之后，爆炸碎片分布在猛烈扩散的气体里，质量大的碎片周围聚集气体多一些，质量小的爆炸碎片周围分布的气体较少。在离心作用下，这些爆炸碎片和气体都趋向分布在原始太阳赤道平面附近。在原始太阳爆炸发生不久之后，原始太阳赤道平面附近就开始聚集较多的爆炸碎片和气体。这个过程应该是这样的：原始太阳大爆炸发生后，在巨大爆炸力的作用下，爆炸碎片和气体一起扩散，实际上大大小小的爆炸碎片是散布在扩散的气体中，在爆炸中心引力的作用下，爆炸碎片和气体的扩散慢慢地停止了。

第 5 章　　　　　　　　　　行星的诞生

在随后相当长的一段时间里，爆炸碎片和气体分布在原始太阳爆炸中心周围广阔的宇宙空间，这些物质实际上构成了一种新的物质存在形式。这种物质形态不再只是单纯的爆炸碎片，或者是单纯的气体，也不是这两种物质简单的混合。这些散布在宇宙空间的物质具有很强的自我收缩能力，而单纯的气体是不会具有这种能力的，同样散布在宇宙空间的爆炸碎片相互之间具有的万有引力也不能产生那样的收缩效果。

正是当初存在这种形态的物质才慢慢地形成了太阳系的大行星及其他一些天体。没有气体的作用，太阳系将会是一盘散沙，扩散的爆炸碎片是不会聚集在一起的。

在这种物质中，一些大的爆炸碎片分布是不均匀的，由此导致了这种物质不断整体地向着质量大的部分收缩，最终形成太阳系的大行星及其他一些天体。

在这种物质中还分布着大量细小的爆炸碎片和爆炸尘埃的颗粒，它们几乎是"均匀"散布在气体中，在漫长的时间里似乎更多地显现出"气体"的性质，它们只有在大行星形成的最后时刻才显示出"固体"物质的特性，从气体中分离出来，我们在后面叙述气体行星形成过程中会看到这一过程。

在离原始太阳爆炸中心越近的空间中，存在的气体也就越稠密，在这里存在的爆炸碎片的质量也越大；在远离爆炸中心的空间，气体分布得越来越稀薄，其中存在的爆炸碎片的质量也越来越小；即使是在离爆炸中心已相当远的广阔宇宙空间也分布着十分稀薄的爆炸气体和质量很小的爆炸碎片，这些也应该认为是属于这种物质形态的物质。

这些物质的分布虽然不均匀，但是从原始太阳爆炸中心到达这种物质存在的最边缘的地方，这些物质的分布是连续的。这种状态维持了一段时间然后就慢慢地发生了变化，由这些扩散的气体带动其中的爆炸碎片开始收缩，这种收缩不是所有的气体作为一个整体进行收缩，而是按照不同种类的气体分别进行的，这是一般气体都具有的性质。在原始太阳大气层中气体本来是按各自的密度排列的，虽然大爆炸使一些不同种类的气体混在了一起，但是经过这样的收缩又使不同种类的气体分开。

大爆炸发生后，扩散气体和其中的爆炸碎片在爆炸中心周围是连续分布的，由于不同种类气体各自收缩使这些物质的连续分布出现了断裂。

太阳系密码

每个大行星都有各自的特点，比如气体行星都有众多的卫星和光环。在形成大行星的系统中，爆炸碎片和气体是相辅相成、缺一不可的，系统中气体的作用是"强有力的"。在一个系统中当初许多爆炸碎片相距十分遥远，却早已被该系统中的气体联系在一起。

在爆炸中心引力的作用下，爆炸碎片和气体的扩散慢慢停止了，处在原始太阳赤道平面附近的爆炸碎片和气体最容易达到平衡，而处在原始太阳赤道平面上下两边，尤其是扩散到离原始太阳赤道平面较远的爆炸碎片和气体还没有达到平衡。

在太阳系中行星的形成过程中，气体起到了极其重要的作用。气体不但大大加快了行星的形成，而且最大限度地肃清了太阳系中小的爆炸碎片和爆炸尘埃。如果没有气体的参与，仅靠那些爆炸碎片是形成不了行星甚至卫星的，这在后面的多处叙述中会得到验证。

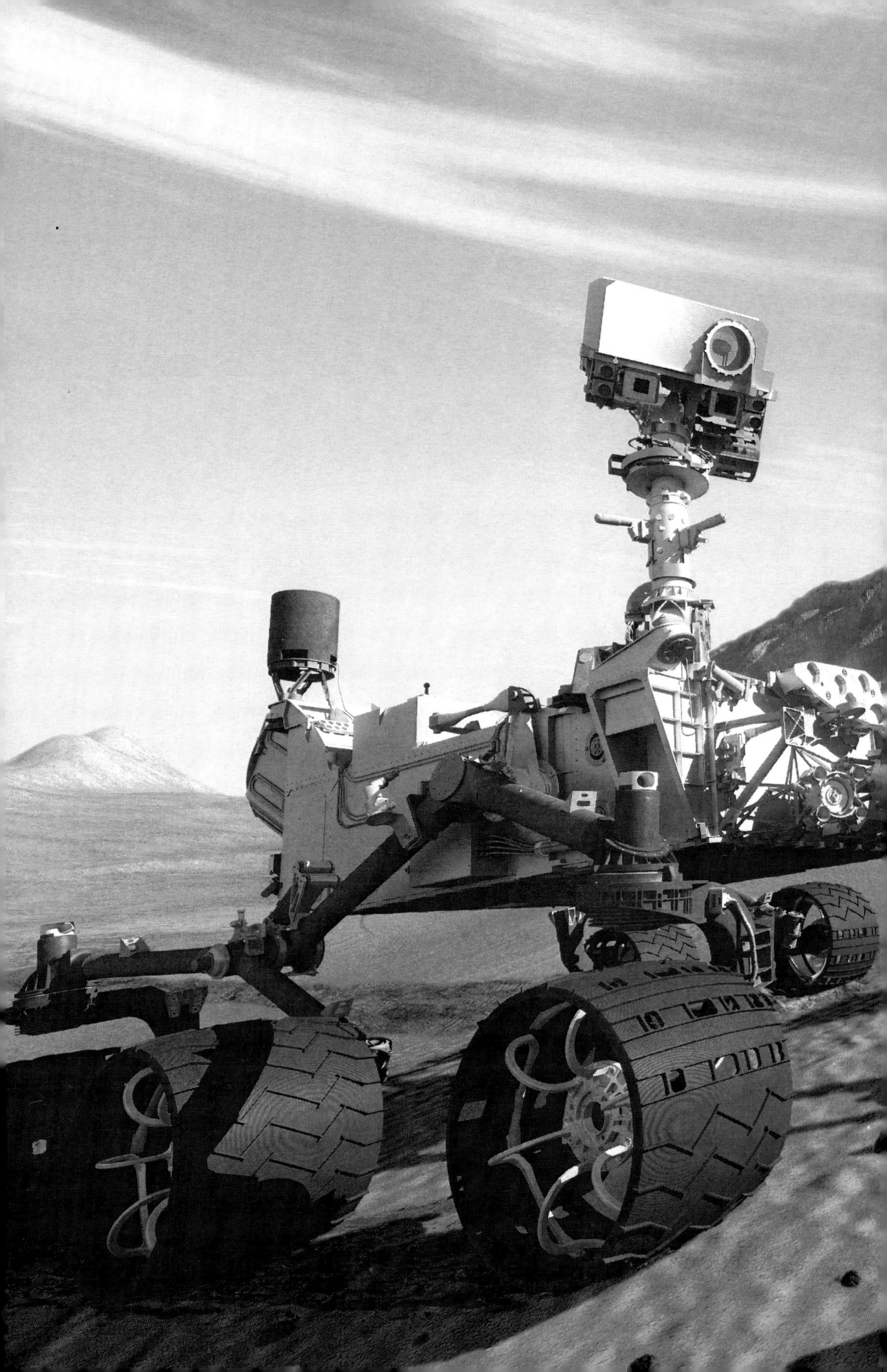

第6章
水 星

太阳系密码

每一颗行星的形成都和这颗行星在太阳系的位置有很大的关系。

水星是最靠近太阳的行星，它所在的位置正好位于原始太阳大爆炸时爆炸中心的边缘。大爆炸发生后，在爆炸中心充斥着炙热稠密的气体，这些气体是极不稳定的，在这些气体中散布着原始太阳的爆炸碎片，其中的一部分形成了水星。

因为水星的质量太小，又距离原始太阳爆炸中心太近，在爆炸中心引力的作用下逐渐失去了原来包围它的气体。在太阳系各大行星的运行轨道中，水星的运行轨道有着最

第6章　　水星

水　星

大的离心率。关于水星运行轨道为什么具有如此大的离心率，现在还没有得到很好的解释，一个最有可能的原因是由于水星离原始太阳爆炸中心太近，受到原始太阳大爆炸

太阳系密码

的影响比较大，还有从原始太阳大爆炸到现在已有不计其数的爆炸碎片、各种气体以及众多彗星在爆炸中心引力作用下回落到太阳上，这些物质在回落时与水星相撞的概率是很大的，这些都可能影响到水星及其运行轨道的形成。

水星表面的较大的陨石坑

第6章 水 星

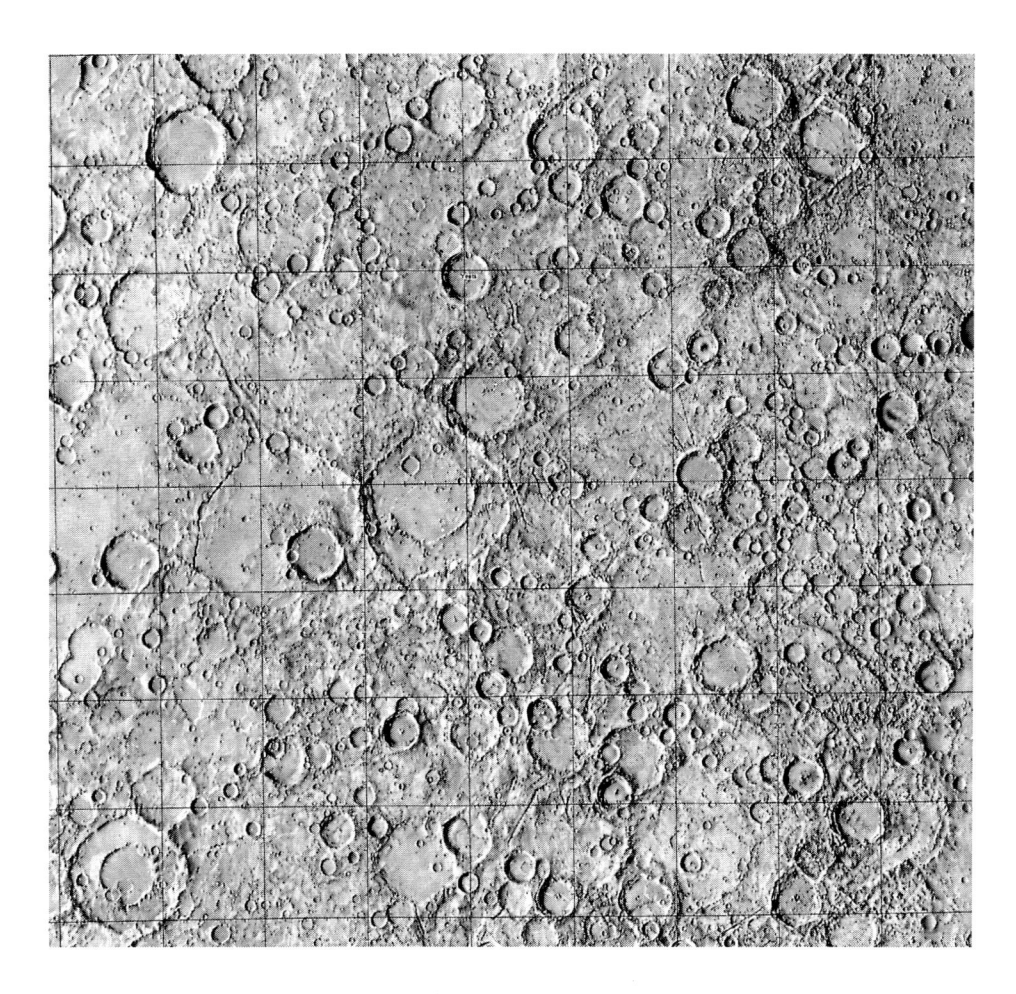

水星表面的陨石坑

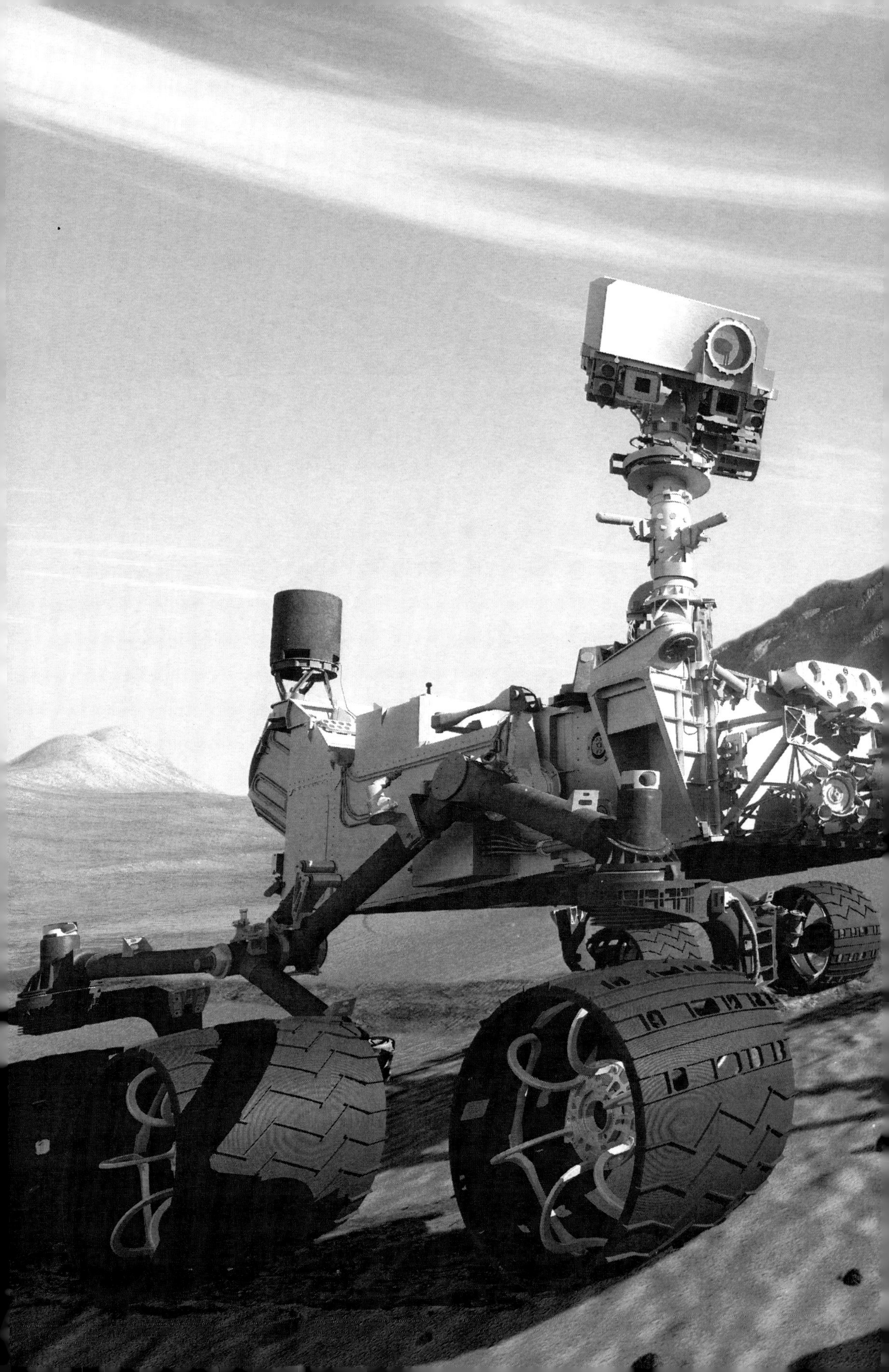

第7章
金星

太阳系密码

在原始太阳大爆炸发生后,爆炸碎片和气体的扩散慢慢地停止了,许多爆炸碎片和气体都开始投入到形成大行星的过程中。

在原始太阳爆炸中心周围吸引了一些爆炸碎片和气体,它们虽然也经过了扩散,但扩散的距离相比之下却不是很远。这些爆炸碎片和气体不只形成了水星,在水星的外面还存在一些爆炸碎片和气体,在爆炸中心引力作用下围绕着爆炸中心运行,在这样的系统中逐渐形成了另一颗大行星——金星。然而形成金星的过程中,这些爆炸碎片和气体一起运行,甚至是气体在带动爆炸碎片运行,这显

第 7 章　　　　　　　　　　金　星

金　星

然不同于其他大行星形成的过程，倒有些像气体行星的卫星形成的过程。

太阳系密码

金星大气层几乎都是由二氧化碳构成，据此可以推测，金星应该是爆炸碎片在二氧化碳气层中形成的。

金星的自转很慢，而且自转方向与其他大行星的自转方向相反。金星自转一周所用的时间相当于地球上的243天，而公转却很快，公转周期为224天，也就是说，在金星上，一天比一年还要长。

金星和地球质量差不多，体积也差不多，有人把这两颗行星称作"姊妹星"，而实际上这对"姊妹"却相差甚远。金星上覆盖着厚厚的主要由二氧化碳组成的大气层，它地表的大气压相当于地球海洋1000米深处的压强，二氧化碳形成的温室效应使金星表面温度会达到400℃至500℃。水星和金星都是在原始太阳爆炸中心引力的强烈影响下形成的，它们的自转都很慢而且它们都没有卫星。

第 7 章　　　　金　星

金星表面恶劣的环境

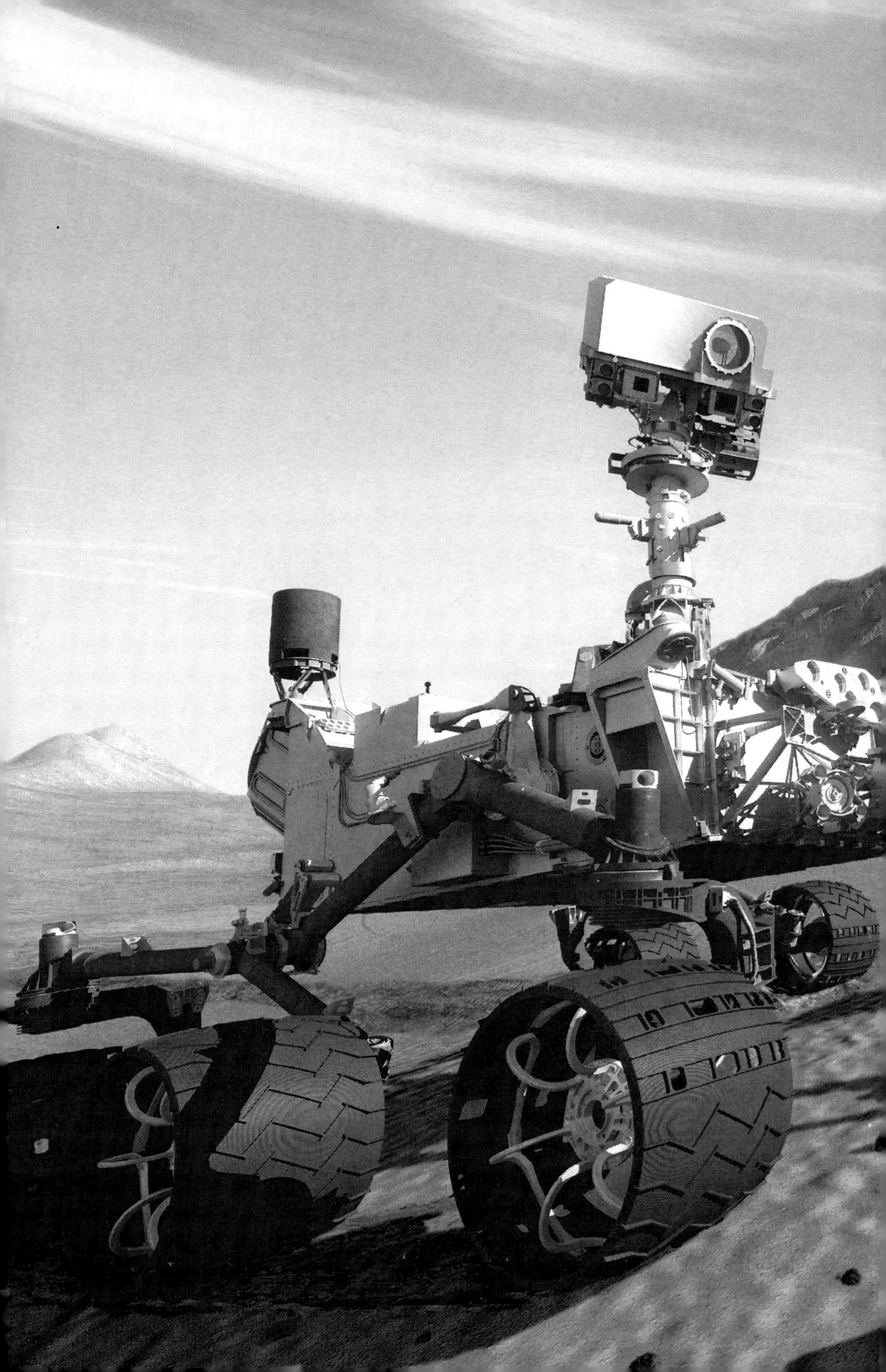

第8章
地球

太阳系密码

地球应该是由原始太阳的爆炸碎片在爆炸气体的氮气层中形成的，在该层除了氮气还有丰富的有机化合物。

由于这个原因，大量种类繁多的有机化合物在地球形成时就融入到组成地球的物质中了，这为地球上诞生最初生命以及后来各种生命的繁衍生息提供了充分的物质原料以及必要的环境条件。

地球恰好位于太阳系的适居区。"适居区"的概念用来描述适合生命存在的最佳区域，这里温度不高也不低，能够使水以液态形式长期存在。生命的形成是一个复杂而漫长的过程，而地球恰恰为生命的诞生与繁衍提供了一个温暖的摇篮。

与此同时，生命的出现也极大改变了地球的面貌。生命的呼吸作用消耗掉二氧化碳，绿色植物的光合作用产生了氧气，这些都改变了地球大气的成分，使之更加适合生命的存在。地球存在大量的水，这些水可以以水蒸气、液态水和固态水——冰的形式存在，这些水在地球大气层内往复循环而不会从地球上消失掉，这是极其重要的。

与其他行星相比，形成地球这颗行星是多么偶然又多么幸运！地球上最初的生物改造了原始的地球，制造出大量的氧气，从而繁衍出种类繁多的动物以及我们人类。如果没有大量的氧气，现在地球上有再多的能源都是没用的。

现在，由于人为原因，地球上的环境发生了剧烈的变化，温室效应、物种灭绝，种种变化已经向人类敲响了警

太阳系密码

钟。我们要更加珍爱我们的地球！让我们更加精心地呵护地球上亿万生灵赖以生存的生态环境吧！

从空间站俯瞰地球

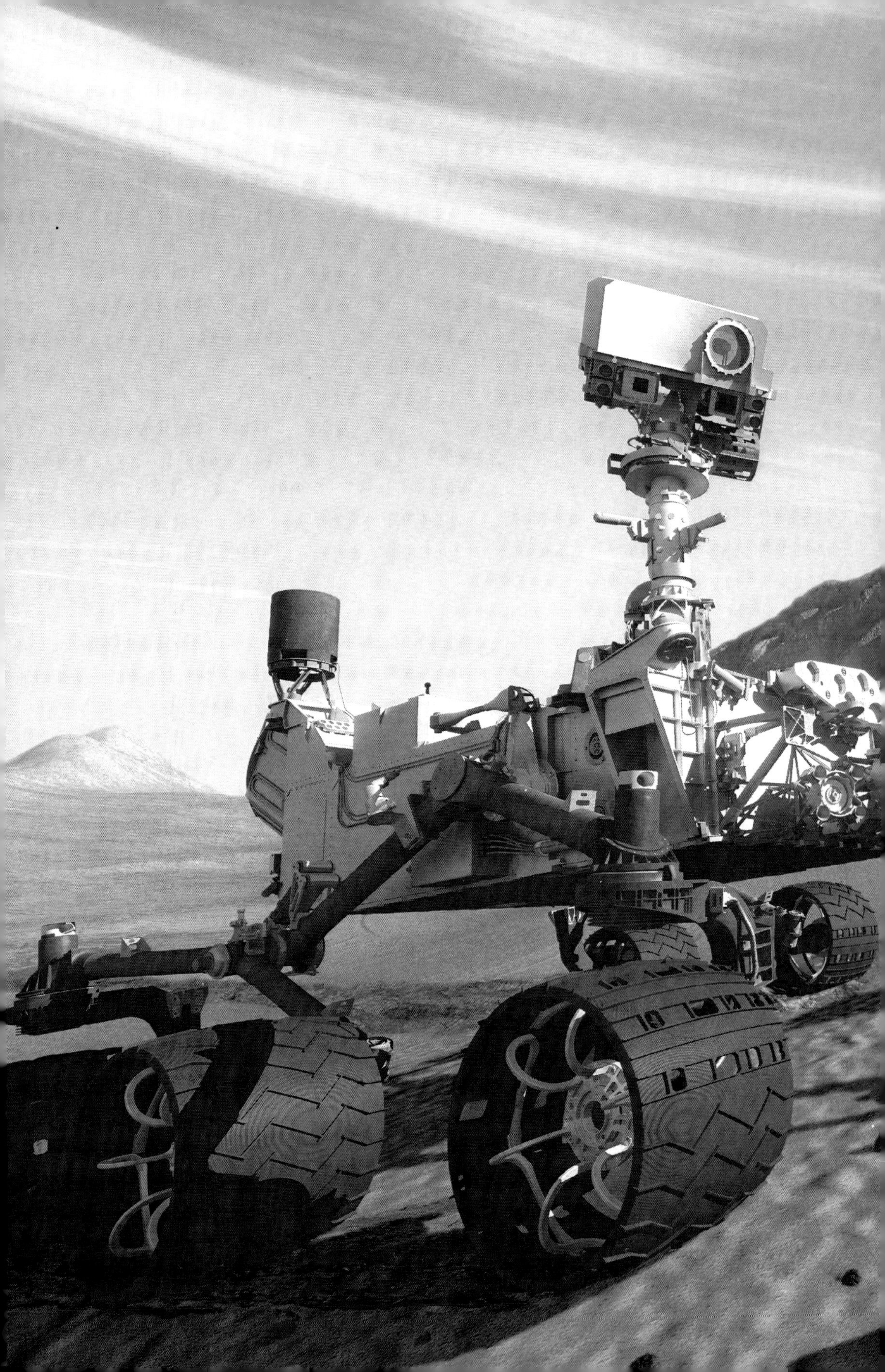

第 9 章
火星

太阳系密码

　　火星显然是最初由原始太阳爆炸碎片在水蒸气层形成的，如果不是一部分水蒸气层形成了冰层，使火星失去了一些本来可以获得的爆炸碎片，火星的质量也许还会再大一些，那火星也许就不是现在这个样子了。

　　现在已有证据表明，火星曾经有过大量的水，火星上形成海洋的时间也许比地球上形成海洋的时间还要早，但是现在水在火星上已经基本消失了，现在火星上呈现出一片荒漠和海洋干涸的痕迹。

　　我们知道地球是形成在原始太阳大爆炸气团的氮气层，火星应恰好形成在大爆炸气团中的水蒸气层。按照前

第 9 章　火　星

火　星

面的论述，太阳系中的水应该较多地分布在从地球、火星到小行星带这一区域，在这一区域中的天体，如月球、火星、小行星带中的许多小行星上应该存在大量的水,但事实上并非如此。这是由于当太阳光直接照射到在这一空间的物体上,在物体被照射的部分会形成很高的温度,足以使冰融化形成水蒸气而逃逸掉。

在这一空间的地球是个例外,这应该是一个奇迹。地球在这一空间不但可以获得温暖的阳光,而且还拥有大量的水,在太阳系漫长的演变过程中,这些水在地球的大气层中往复循环却没有从地球上消失,这些恰恰构成了地球上各种生命诞生及繁衍所需要的最理想环境。

火星上水存在的时间是比较长的。火星形成后,温度开始慢慢降低,水蒸气随着温度降低变成了液态水落到火星表面,形成了火星上最初的海洋,这样火星大气层中的气体就很少了。火星最初的大气层只有稀薄二氧化碳和氮气，当然还有水蒸气。由于火星的质量小，对周围气体引力就比较弱，慢慢地氮气从火星上消失了，火星上大量的水也在漫长时间里在太阳光的照射下蒸发成水蒸气，也慢慢地从火星上消失掉了，最后火星的大气层只剩下了十分稀薄的二氧化碳。这是完全可能的。我们知道在地球上每年有大量的水在太阳的能量作用下蒸发成水蒸气，这些水蒸气散布在地球的大气层里，不过这些水蒸气最终还是以雨雪或冰雹的形式落回到地面上，完成了水在地球上的循环。

火星的质量太小，导致火星的磁场很弱，在太阳风的作用下，火星上的水最终一点一点地消失掉了。

火星与地球比较相似，人类正在努力地探索火星，希望能够在这个相邻的行星上发现有生命物质存在，或者曾经存在过生命的痕迹。也许在不久的将来，火星可以成为人类移居的行星。

对于火星上是否发生过这样的演变过程还需要人类进行科学严谨的考证，倘若火星确实经历过那些演变，那么就应引起人类的警觉，以此来预测地球的变化趋势。当然地球是一颗极为特殊的行星，目前还看不到受到什么威胁，但是有些变化是潜移默化的，需要很长的时间才能察觉，像水在火星上完全消失就是一个漫长的过程。人类现在应该像提防小行星来袭一样，审慎地对待地球上的环境和气候的变化。

第 9 章　　　　　　　　　　　　火 星

火星表面独特的地理风貌（一）

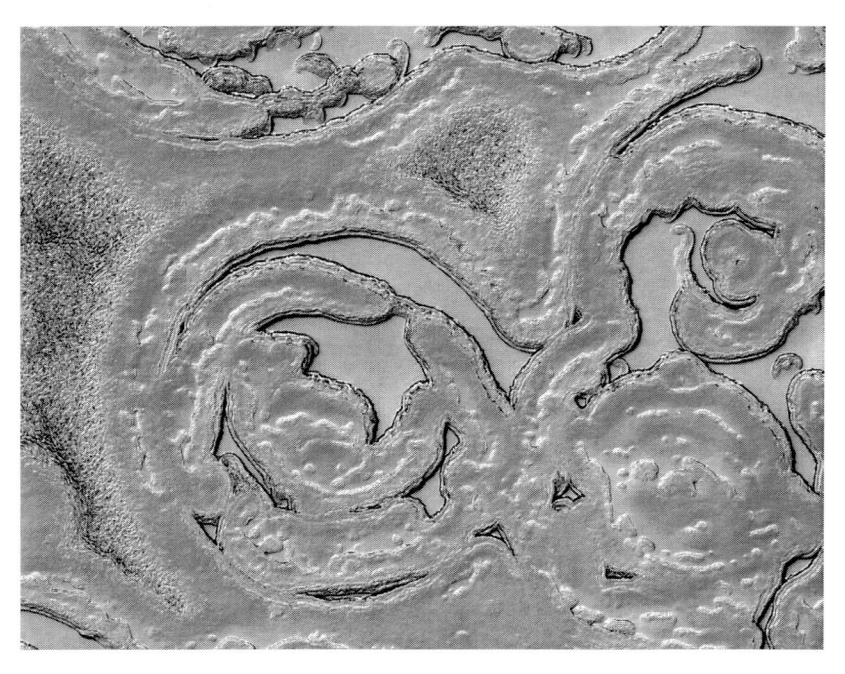

火星表面独特的地理风貌（二）

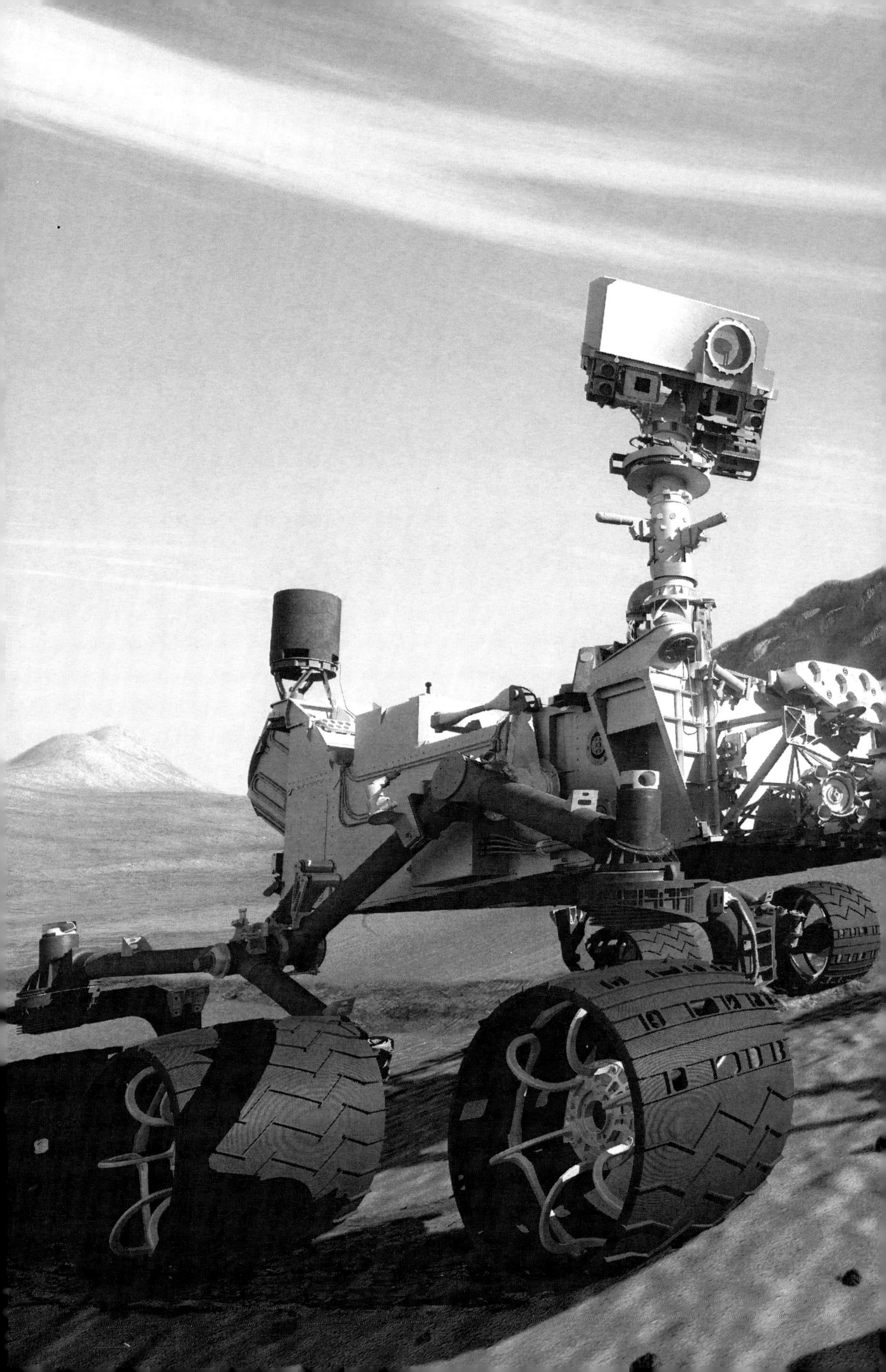

第10章
木星

太阳系密码

木星、土星、天王星、海王星这四颗行星，统称为类木行星，它们都有厚厚的大气层，虽然每颗行星的体积和质量都很大，但它们的平均密度很小，而且行星的运行轨道相距也比较远。这些类木行星都拥有光环和数量众多的卫星，它们的形成有着极为相似的过程

类木行星形成于原始太阳内核的外层物质，这里包括爆炸碎片、氢气、少量的氦气和一些极少的其他物质。这些物质最初分布在广阔的宇宙空间，那里受到原始太阳爆炸中心的引力比较小，所以形成类木行星的系统要比形成类地行星系统用的时间长得多。

第 10 章　　木星

木　星

太阳系密码

通过前面的论述我们知道，类地行星形成于原始太阳爆炸气团中几个较小的气层中，这样就注定了四颗类地行星成为质量较小的行星，并且相距都不太远。那么形成于巨大氢气层中的类木行星的情况又是怎样呢？

在原始太阳的爆炸气体和散布其中的爆炸碎片、爆炸尘埃形成的物质中，在气体分子之间存在着引力，在爆炸碎片、爆炸尘埃之间存在着极其微弱的相互引力，气体分子对爆炸碎片、爆炸尘埃存在着一种吸附的作用力，这些力交织在一起就形成了这种物质的自我收缩的力。这种收缩力与散布在气体中爆炸碎片、爆炸尘埃总的质量有关，还与爆炸碎片、爆炸尘埃在气体分布的密度有关。在四颗类木行星中，木星的质量是最大的，由此可以断定，那些最初形成木星系统的物质与形成其他类木星行星系统的物

第10章　木星

质相比是具有很强的自我收缩力的。

在前面的论述中我们知道，原始太阳大爆炸使爆炸气体和爆炸碎片分布在爆炸中心周围广阔的宇宙空间，估计最远可能达到了现在海王星轨道的外边。气体行星的形成和类地行星的形成有着很大的不同，气体行星都是在几乎相同的气体中形成的，这些气体基本就是原始太阳大气层中氢气层的气体。在原始太阳大爆炸发生后，氢气层的气体散布到广阔的宇宙空间，在这些气体中分布着大大小小的爆炸碎片和细小的尘埃。距离爆炸中心越近，气体的浓度越大，其中存在爆炸碎片的总体质量越大；距离爆炸中心越远，气体的浓度越小，其中存在爆炸碎片的总体质量也越小。

我们在前面说过，由爆炸气体和散布其中的爆炸碎片组成的物质具有自我收缩的能力，由氢气层气体和爆炸碎片组成的这种物质也是具有这种自我收缩能力的，但是由氢气层和爆炸碎片组成的这种混合物质分布的空间跨度太大，在这个气层中各部分之间的自我收缩能力也就相差很大，其中形成木星的那部分物质是具有最强的自我收缩能力的，以这样的能力首先"掠夺"了大部分形成气体行星的"原材料"，并最早形成了木星，剩下的"原材料"形成了其他气体行星。

类木行星形成过程是按照如前所述的太阳系中行星形成的相似原理进行的，就是在形成行星系统中，气体带动整个系统不断地向系统中质量大的位置移动，在系统绕着原始太阳爆炸中心运转过程中不断收缩，最后形成一颗行星。在系统不断收缩时，远离爆炸中心即系统外侧的气体

第 10 章 木 星

和爆炸碎片对爆炸中心具有较大的引力势能，这部分物质收缩时要对系统做功，在收缩过程中具有较大的速度。在系统内侧的这些物质对爆炸中心具有较小的引力势能，在收缩时系统的收缩力对这部分物质做功，这部分物质在收缩时的速度相对要小一些。按照这样的收缩过程，系统中质量最集中的部分首先旋转起来，而且随着系统的收缩越转越快，如果参照原始太阳的旋转方向判断，这样形成的行星和原始太阳的旋转方向是相同的。其他行星的形成也有类似过程。

由于气体行星的质量大而且气体占有很大的部分，这种现象在形成气体行星过程中尤为明显，所以气体行星的自转要快得多。在气体行星形成的过程中气体带动整个系统不断地向系统中质量最集中的部分收缩，形成了一个快速转动的巨大气团，由于离心作用，这个快速旋转的气团最后呈现为一个巨大的"旋转圆盘"形状，在圆盘中央部分聚集了许多大质量的爆炸碎片，质量较小的爆炸碎片分布在这个旋转圆盘中央的周围，一些小的碎片和尘埃则分布在圆盘的最外边。

我们在前面提到，在形成行星的系统中气体的作用是"强有力的"，在气体的作用下系统不断地收缩，最后形成了一个快速转动的"旋转圆盘"。按照这样的推理，系统中所有的爆炸碎片在气体的作用下最终会结合在一起，但实际情况并非如此。当形成行星的系统经过缓慢而持续的收缩过程，最终收缩成了快速旋转的"旋转圆盘"，此时距离形成太阳系的大行星只有一步之遥。

系统在整体收缩的漫长过程中，系统内部同时进行着

第 10 章　　木　星

一些局部的收缩，在系统中心周围的一些爆炸碎片结合在一起，在系统中形成了较大的物体，这些物体在快速转动的"旋转圆盘"中产生非常强烈的离心作用，使系统中的气体在最后的收缩中对它们已经拉不动了，这些物体后来便形成了行星的卫星。

木星是最大的气体行星，也是太阳系中最大的行星，组成木星光环的物质主要是一些小的爆炸碎片和爆炸尘埃，整体上不十分明显。形成类木行星光环的原理大致是相同的，但由于组成每个类木行星光环的物质不同，使得这些光环有明显的区别。

如果读者对上面的叙述还不能理解或还存在一些疑问，那么就请看看下面这颗气体行星吧！它或许会有助于您更好的了解气体行星的形成过程。

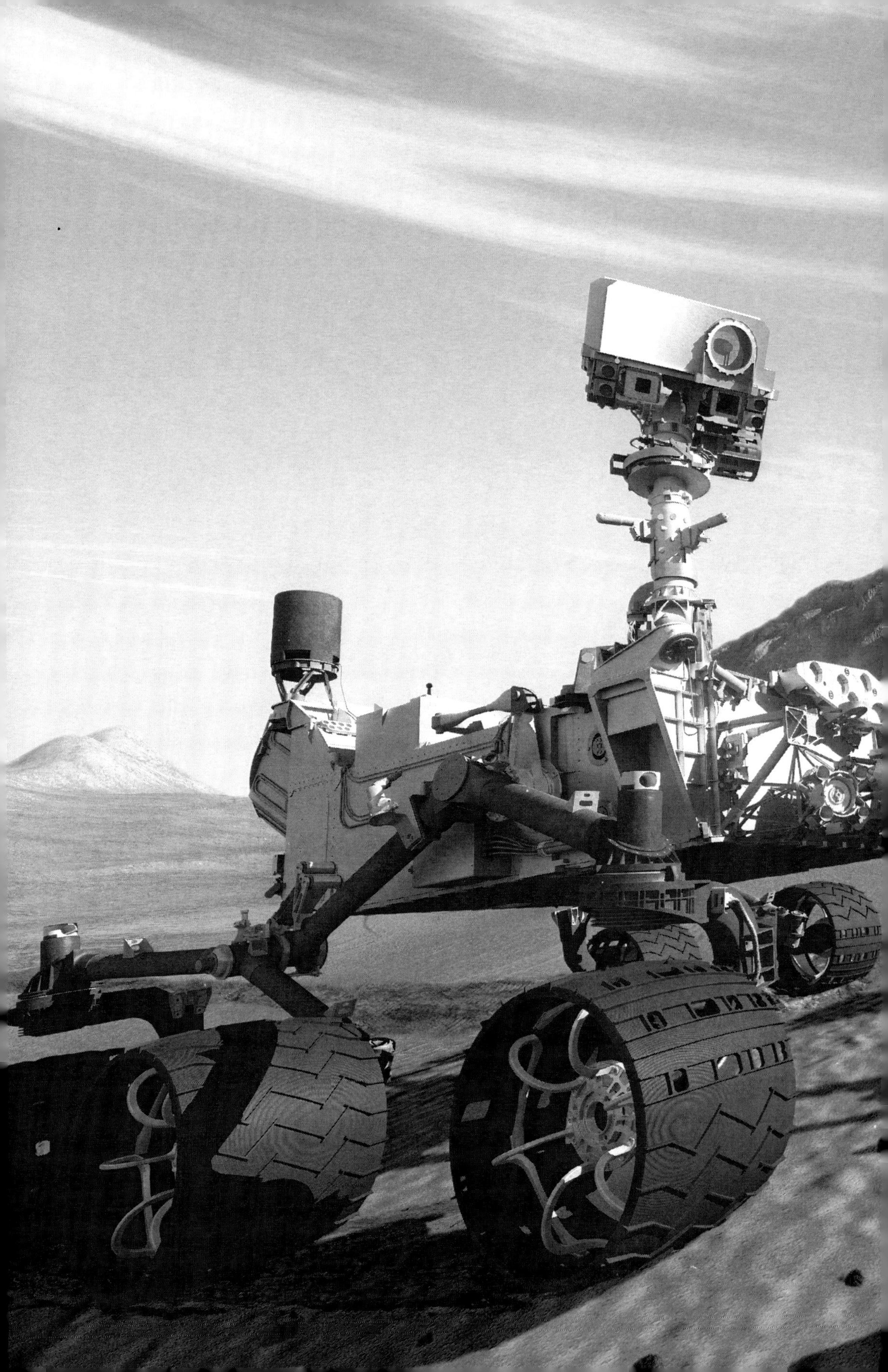

第11章
土星

太阳系密码

土星是第二大类木行星，也是太阳系第二大行星。

最初形成土星的物质也是来自原始太阳爆炸气团中的氢气层，就是我们前面所说的那些用来形成气体行星的"原材料"。

在形成土星的物质中，虽然散布的爆炸碎片总的质量比不上形成木星的碎片质量，但是这些爆炸碎片散布在气体中比较"均匀"，这样的物质也是具有很强的收缩能力的，以这样的收缩能力又一次"掠夺"了形成气体行星的"原材料"，形成木星用掉了这种"原材料"的大部分，形成土星又用去了剩下的这种"原材料"的大部分。

第 11 章　　　　　　　　　　土　星

土　星

土星的形成还有一个特点，就是它所在的位置恰好可以接收到大量的飘移过来的爆炸碎片和气体。

土星的密度很小，比水还轻，它拥有一个巨大的由许许多多小石块和冰块组成的光环，如果我们置身其中周围好像是一望无际由石块和冰块组成的海洋。

在大量飘移而来的爆炸碎片中，来自二氧化碳气层的

太阳系密码

不多，这是因为二氧化碳气层在最里面，在原始太阳大爆炸中这个气层扩散到离原始太阳赤道平面最远的情况下，相比其他气层的扩散也是不会太远的。其实还有一个原因就是，由二氧化碳和氮气组成的两系统各自形成后就开始相互排斥，这样来自二氧化碳气层飘移的爆炸碎片很少，飘移距离也都不远。按理说二氧化碳的密度大，最容易吸附在天体的周围不易逃逸，实际上在太阳系中只有金星拥有厚厚的二氧化碳大气层，其他地方分布很少。

来自原始太阳爆炸气团中氮气层飘移的爆炸碎片是比较多的，在最初的飘移过程中氮气团和其中的爆炸碎片也是具有自我收缩能力的，这些物质聚集在一起，一边飘移一边收缩，逐渐形成了一些较大天体，这些天体有的坠入到各类木行星上，成为它们的一部分，有的成为类木行星

第 11 章　　　　　　　　　　　　　　　　　土　星

的卫星，还有的成为矮行星，在已经知道的土卫六、海卫一和冥王星上都能寻找到氮元素的踪迹。我们知道随着在氮气层外面水蒸气层中的水蒸气的逐渐消失，使阻碍氮气层向外扩散的物质失去了排斥力，反而在水蒸气层中一些爆炸碎片和冰块会吸引氮气层中的一些氮气慢慢地形成了一些天体向远离太阳的方向飘移。

　　在飘移的氮气团中应还有大量的水蒸气，不过不久水蒸气就结成了冰块，在这些天体中应存在着大量的水冰，还应存在着一些有机化合物。在飘移的爆炸碎片中也确实存在过很多没有气体相随的情况，这基本上是来自原始太阳爆炸气团中的"冰层"。当"冰层"中的水蒸气由于温度的降低凝结成了冰块，"冰层"里几乎就不存在什么气体了，只剩下慢慢向外飘移的爆炸碎片和一些冰块。当时这些飘移的爆炸碎片和冰块数量是很多的，在它们之中有的相距并不是很远，还有的甚至相互离得很近，但是它们之间存在的万有引力还是微乎其微，这对它们的飘移没有任何影响。

这些飘移的爆炸碎片和冰块都以相似的飘移路线各自飘移着，首先有一部分进入了形成木星系统，后来成为了木星的一部分，还有更多的这样爆炸碎片和冰块经过漫长的飘移渐渐接近后来形成土星的巨大气团。大量飘移的爆炸碎片和冰块的到来并不断"掺入"到形成土星的旋转气团中，在这个气团的气体作用下，这些爆炸碎片和冰块散布在气团中与气团一齐转动，其中许多这样的爆炸碎片和冰块后来形成了土星巨大的光环。在土星光环中存在着可能是现在太阳系里数量最多、最集中，并依然保持着原始

第 11 章　　　　　　　　　　　　土　星

状态的爆炸碎片。

不要以为飘移的爆炸碎片和冰块都与土星光环中的爆炸碎片和冰块一样，构成土星光环的显然是经过原来土星气团中旋转气体的选择，这些爆炸碎片和冰块获得了离心力，土星气团中的气体既不能把它们进一步结合在一起，又不能把它们拉入到土星之中。土星在形成的过程中也曾经存在过一个由气体和爆炸碎片还有一些冰块组成的"旋转圆盘"，如果把现在土星上的气体分散到土星的光环上，这其中还应包括原来被气体带入土星较小的爆炸碎片和冰块，假如是这样，处在土星光环中央的土星巨大的球体就不存在了，在那里只留下了一些质量最大的爆炸碎片。这样我们基本复原了由气体、爆炸碎片和冰块组成的"旋转圆盘"，这个后来形成土星的"旋转圆盘"应该要比现在的土星光环还要大一些。现在的土星和它的光环就是由这个"旋转圆盘"逐渐形成的，这样形成的土星光环与其他气体行星的光环相比就显得尤为奇特，尤为巨大，尤为壮观。

土星卫星的密度总体上都显示出偏小，当这些卫星形成的时候在形成土星系统中缺少大量的爆炸碎片，这可能与形成木星系统过度"掠夺"了形成气体行星的"原材料"有关。土星的卫星基本是由冰雪和少量的岩石形成的，在土星的卫星已经形成后，那些构成土星光环的物质才陆续进入到形成土星的气团中。后来的爆炸碎片和冰块与土星的卫星发生了激烈的碰撞，使这些卫星都是伤痕累累，上面布满了大大小小的陨石坑。在土卫八白色的星体上有近一半被一种深色的物质覆盖，这显然是被爆炸碎片猛烈撞击的结果。在后来的这些物质进入土星气团时，气团的气体中还悬浮着大量的极为细小的冰粒和细小的尘埃，这有些像发生在南极洲的白化天气一样。这些充满了细小的冰粒和尘埃的气体被排挤到离土星中心很远的空间，后来在那里形成了土星另一个更为巨大的隐形光环。

土星的卫星中最为奇特的当属土卫六，它不但拥有由氮气组成的厚厚大气层，而且在它上面还有大量的甲烷、乙烷等有机化合物，这在所有太阳系卫星中是绝无仅有的，这显然在某些方面具有了和地球相似的一些特征。土星的较大卫星一般都是由水凝结成的冰粒和少量的岩石组成的，这些卫星的外表都呈现为白色，而土卫六却呈现为橘红色，与其他卫星的外表截然不同。土卫六大概是在原始太阳大爆炸发生后，由爆炸碎片在远离原始太阳赤道平面的氮气层中形成的，并从那里开始了飘移，实际上土卫六是在一边飘移一边形成的，最后被正在形成的土星俘获，成为了它的一颗卫星。我们在前面谈到水这种物质在地球可以是固态、液态或气态形式存在，水可以在地球的大气层内往复循环而不会从地球消失掉。实际上在土卫六上也存在着类似的物质循环，这就是甲烷、乙烷等有机物。它们在土卫六的大气层内的循环，但那是在温度极低环境下进行的。

土星在刚形成时可能拥有比现在更多的气体，后来又慢慢地失去了一些气体，主要是分布在土星最外边的氢气。太阳系的大行星在形成后由于各种原因慢慢地都发生了一些变化，我们提到的地球、火星都与刚形成时的状态有了很大的不同。

第 11 章　　　　　　　　　　　　　　　　　土　星

土卫六上的液体湖

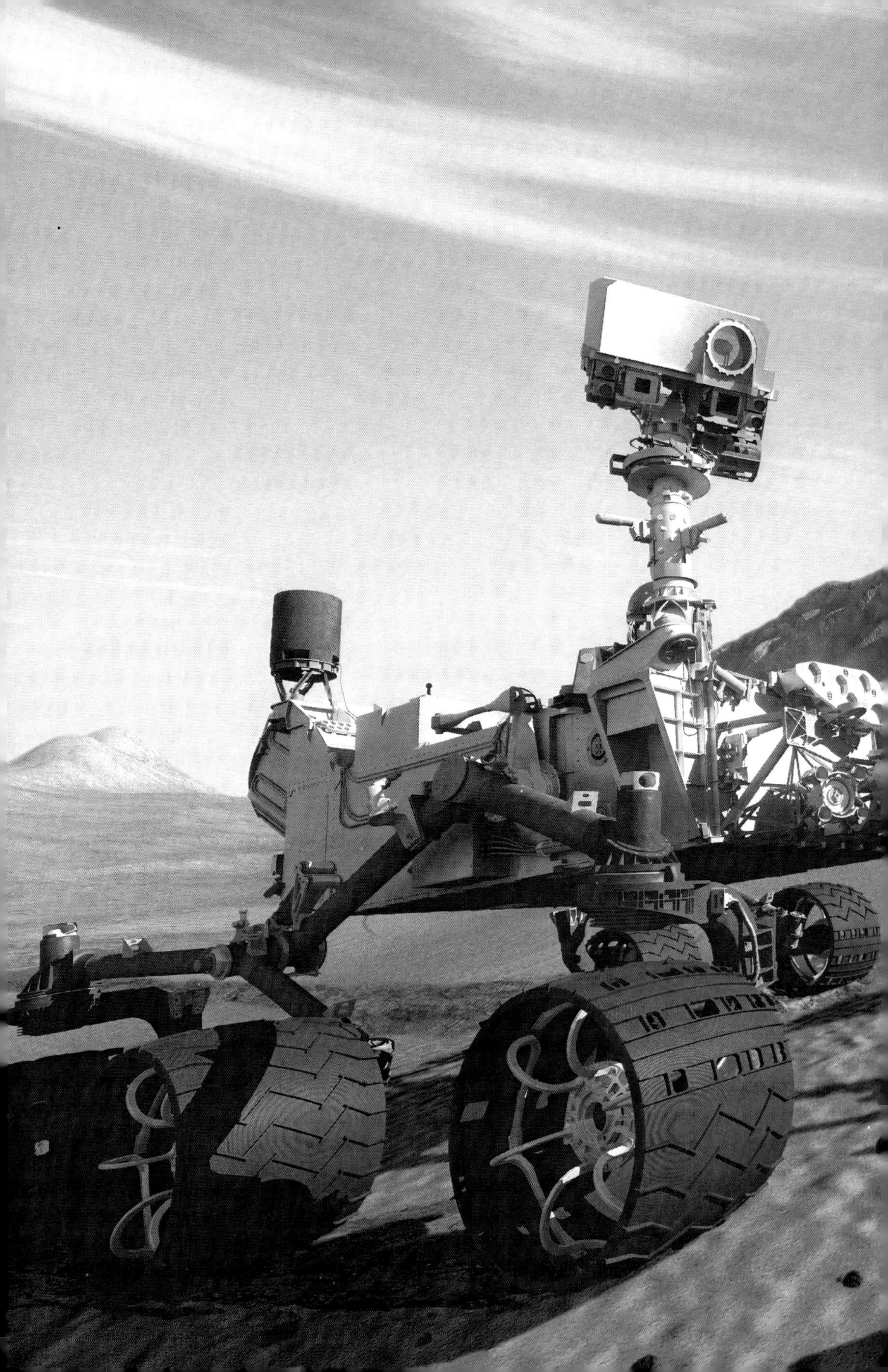

第12章
天王星

太阳系密码

　　前面我们在讲述类地行星形成的时候,首先是由于不同气层的气体各自收缩使巨大的爆炸气团中连续分布的气体出现断裂,然后这些气体和其中的爆炸碎片慢慢演变成了各个形成行星的系统。原始太阳大爆炸形成的爆炸气团中氢气层实在是太大了,虽然它整体上有一种收缩的趋势,但是这个收缩力与爆炸气团中的氢气层相比显得太弱了,这个收缩力是不足以使整个氢气层一起收缩,最终使其只形成一颗巨大的气体行星。这个气层中物质分布是不均匀的,各部分的自我收缩力的强弱也就不一样了,这是我们前面所讲过的。

第 12 章　　　　　　　　　　　　　　天王星

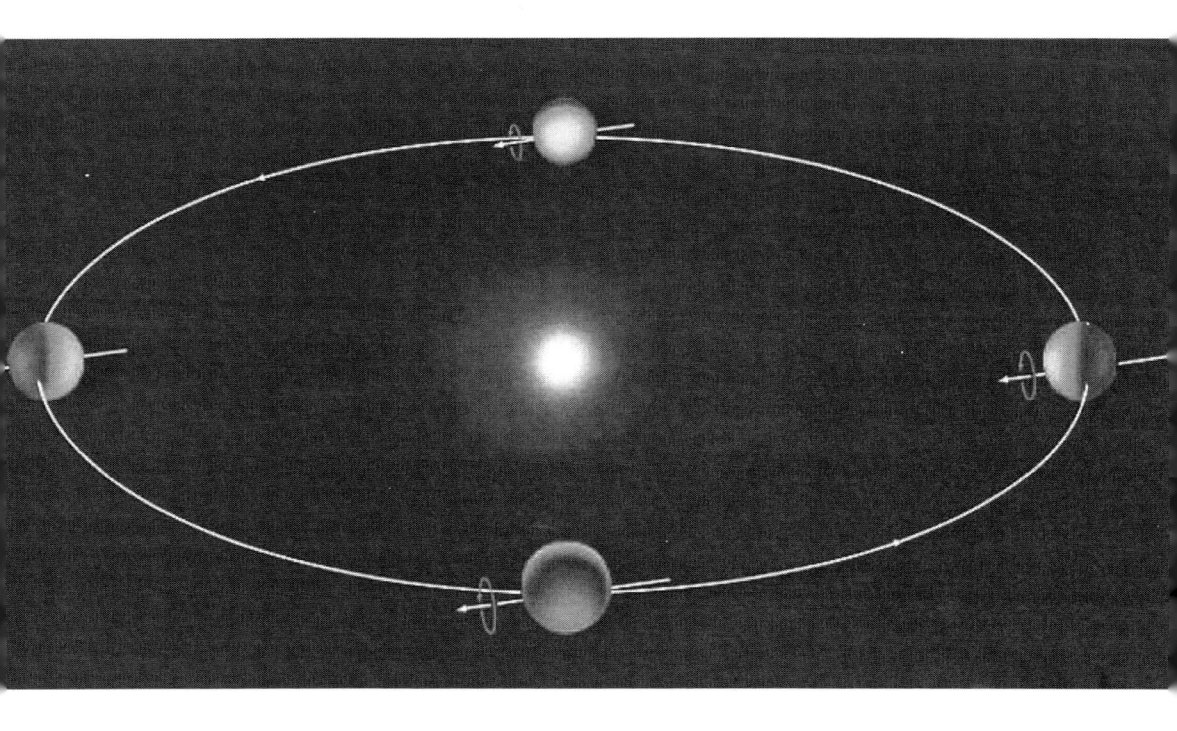

天王星的运行轨道

在整个氢气层和其中的爆炸碎片在开始收缩时怎样收缩，向哪里收缩都是不确定的，应该首先是向这些物质密度最大的位置收缩，或者向这些物质分布的中心位置收缩。这样的收缩都应该是指向原始太阳赤道平面，在这个赤道平面上一开始就聚集了较多气体和许多大质量的爆炸碎片。如果不考虑离心力的作用，这些爆炸物质最初应呈现为一个巨大的球体，那么这些物质的分布总体上被认为是关于这个赤道平面对称的。

当氢气层的物质向着原始太阳赤道平面收缩，开始比较缓慢随着赤道平面上聚集的物质增多，这个赤道平面所产生的收缩力也随之增大，处在里面的物质收缩的速度越来越快，而处在外面物质收缩的速度变化比较慢，这样这些收缩的物质最终在一些地方发生了断裂，这跟前面讲到不同气层各自收缩形成的断裂不一样，这里的断裂应该叫做"撕裂"。这种"撕裂"是发生在同一种气体组成的气层中，而且这个气层十分巨大，仅靠这个气层的自我收缩能力是无法只形成一颗行星。

第 12 章　　　　　　　　　　　　　天王星

　　撕裂发生后，氢气层靠里面的物质，即靠近原始太阳赤道平面的物质后来形成了木星和土星，这是太阳系中最大的两颗行星。在撕裂后留在外面的物质都是远离原始太阳赤道平面的，这些物质还要继续飘移但已不再是那种自然的飘移了，这种飘移除了和前面所讲的那些物质的飘移大致相似之外，还额外地受到了向着原始太阳赤道平面的拉力，使向着这个赤道平面的运动又额外地产生了一定的加速度。

　　这发生在近五十亿年前的事情我们是怎么知道的呢？木星和土星自形成以后一直安分守己默默地运行着，似乎亘古以来就是这个样子什么也没发生过，其实它们的行径已对另一颗行星的形成造成了永久的影响，这颗行星就是天王星。在太阳系中其他大行星的自转轴都是立在太阳赤

太阳系密码

道平面上的（准确地说应该是立在各自的轨道平面上），行星像陀螺一样立在该平面上转动，而天王星的自转轴却像是横躺在太阳赤道平面上的（严格地说也应该是横躺在天王星的轨道平面上），这样天王星象车轮一样在太阳赤道平面上滚动，这是一种极不正常的现象。

那么是什么原因导致了天王星的这种现象呢？在原始太阳大爆炸发生后扩散到距离原始太阳赤道平面很远的爆炸碎片和气体开始了漫长的飘移，这种飘移如果没有受到其他外力的影响，这些飘移的物质最终会落在原始太阳赤道平面上，这是由这些物质最初的运动状态和受到原始太阳爆炸中心引力作用所决定的，它们大部分都进入到形成各大行星系统中。由于自我收缩被撕裂的巨大的氢气层分成了两部分，一部分继续收缩最终形成木星和土星，一部

第 12 章　　　　　　　　　　　　天王星

分还要飘移但这样的飘移已经受到了向着原始太阳赤道平面方向强烈的拉力，这样当这些飘移的物质在到达原始太阳赤道平面时还具有穿过该平面的能量可以到达这个平面的另一侧。当时在原始太阳赤道平面两边这样飘移物质的情况差不多，它们又经过一段飘移，在土星的外边的原始太阳赤道平面附近相遇，这样两边的飘移碎片和气体就会交汇在一起成为一个形成天王星的系统。这个系统最初大致是沿着现在的天王星轨道附近分布的，系统中的气体和爆炸碎片一方面在总体上沿着原始太阳的旋转方向绕着原始太阳爆炸中心转动，一方面又在绕着它们前进的方向转动，就像一根首尾相接围成一个圆的弹簧沿着一个方向不停地翻转，整个弹簧又沿着它所围成的圆在转动。

最初那些来自原始太阳赤道平面两边的爆炸碎片和气

太阳系密码

体相遇在一起时并不是一定都沿着相同的方向旋转的，在整个系统向系统中质量大的部分集中过程中，最后都服从了其中较强气团的旋转方向。在原始太阳大爆炸形成巨大的扩散气团，该气团分布在原始太阳赤道平面两边的情况应该是大致均等的，但这些爆炸碎片和气体在形成某一行星的作用上两边不一定完全相同，所以最后形成的天王星如果是沿着与现在相反的方向旋转都是可能的不足为怪，但是如果形成的天王星不转或转得很慢像金星一样反而是不对了。正是形成了这样的系统，经过不断收缩慢慢地形成了太阳系中最为奇特的气体行星——天王星。

在天王星形成过程中最后也曾经历过一个由原始太阳爆炸碎片和气体组成的"旋转圆盘"，显然这个"旋转圆盘"应是几乎垂直于原始太阳赤道平面的。天王星形成以

第 12 章　　　　天王星

后，在围绕着太阳运行时它的转轴总是指向一个固定方向。

通过前面的叙述我们是否得到这样的印象，由于木星和土星在形成过程中不"负责任"地"掠夺"了大量形成气体行星的"原材料"，并给天王星的形成造成了永久的影响。其实这是不应该由木星和土星"负责"，都是自然规律使然，在太阳系形成的过程中不会有一颗行星受到特殊的"待遇"。这些行星和其他各种天体都统一地受到了太阳系形成过程中自然规律的制约和支配，这是客观公正的，其中也包括地球在内，但是我们依然感到很庆幸，因为在这样错综复杂的甚至是极为严酷的自然规律中竟然奇妙地诞生了（令我们感到）如此完美的地球。

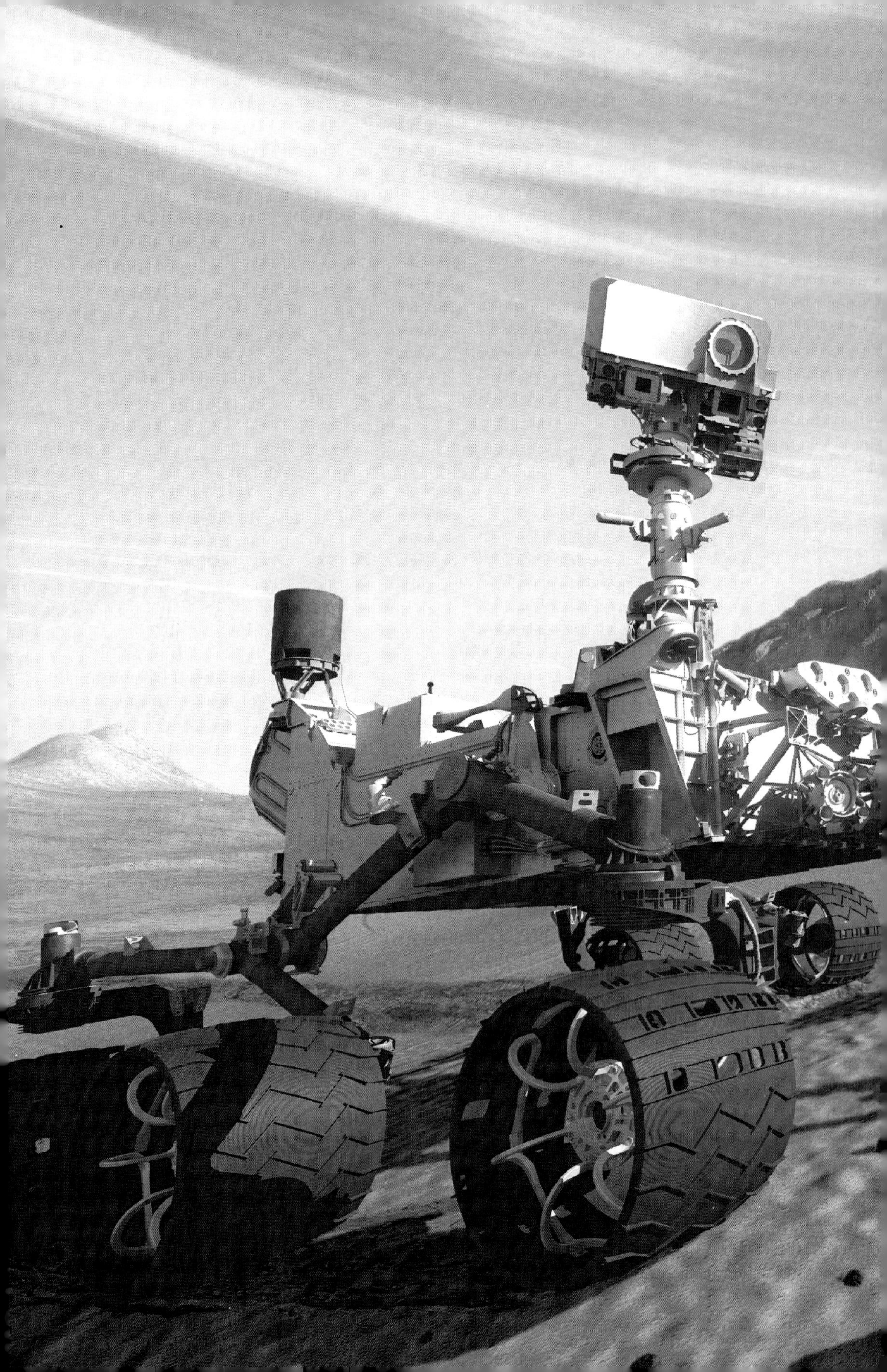

第13章
海王星

太阳系密码

　　海王星是由一些散布在天王星以外广阔的宇宙空间里的爆炸碎片和气体形成的。这些爆炸碎片是极为分散的，到达这里的气体也极为稀薄，这些物质分布的空间又极为广阔，这样形成的海王星系统的"系统能力"应该是相当弱的，而爆炸碎片在这一空间所受到原始太阳爆炸中心的引力作用也是很小的。这个由分布广阔的爆炸碎片和稀薄气体组成的系统最终慢慢地行成了一颗气体行星——海王星。由于这个原因，海王星的卫星在它的周围分布范围是很大的，最远的一颗卫星的轨道半径竟然接近5000万千米。

第 13 章　　　　　　　　　　海王星

我们把海王星的形成过程和小行星带的情况进行比较，可以看出在形成太阳系大行星的过程中，气体是起到了多么重要的作用啊！

海王星有一颗奇特的卫星——海卫一，这显然是被海王星俘获的一颗卫星，因为它是一颗逆行卫星，而且是太阳系中质量最大的一颗逆行卫星。

海卫一距离海王星只有 50 万千米，如果一颗具有海卫一这样质量的外来逆行小行星突然出现在距离海王星 50 万千米的地方，那么这颗小行星不是与海王星相撞，就是与其擦肩而过。海卫一绕海王星的运行轨道几乎是一个标准的圆形，其轨道离心率几乎为 0。海卫一的质量比海王星其他卫星的质量大得多，它的密度也比海王星其他卫星的密度都要大，而且在它的表面还保留着一层薄薄的氮气。

太阳系密码

海卫一如此怪异又是怎么回事？

事情应该是这样的：海卫一大概是在原始太阳大爆炸发生后，由爆炸碎片在远离原始太阳赤道平面的氮气层中形成的，这可能比土卫六的形成更远离原始太阳赤道平面。海卫一可能是从一开始就是一边形成一边飘移了，最后飘进了"正在形成的海王星"的引力范围而被俘获的。海卫一刚被俘获时应该离"正在形成的海王星"很远，运行轨道也不是很圆。海卫一是在"正在形成的海王星"周围稀薄的气体中逆行的，所以海卫一在运行中不断受到阻力；但是阻力也不是很大。这样的运行使海卫一的运行轨道不断降低，同时又使运行轨道变得越来越圆。我们可以说海卫一的运行轨道在形成过程中是"每况愈下"，而且是"每况愈圆"，直到海王星最后完全形成，海卫一的运行轨道也就基本固定为现在的运行轨道了。可见海王星与海卫一是经过了一段相互"磨合"才形成了现在的状态。

气体行星的周围都存在逆行卫星,这些卫星实际上就是飘移的爆炸碎片在气体行星形成时或气体行星形成以后被俘获的,它们的运行方向虽然与所属行星的自转方向不同,但它们在绕太阳的运行时终究还是符合最初原始太阳的转动方向的。

至此,我们分别对太阳系中八颗大行星的形成进行了讨论,总结了太阳系大行星形成的一般规律,并对不同大行星形成过程中各自的特殊情况进行了分析与探讨。

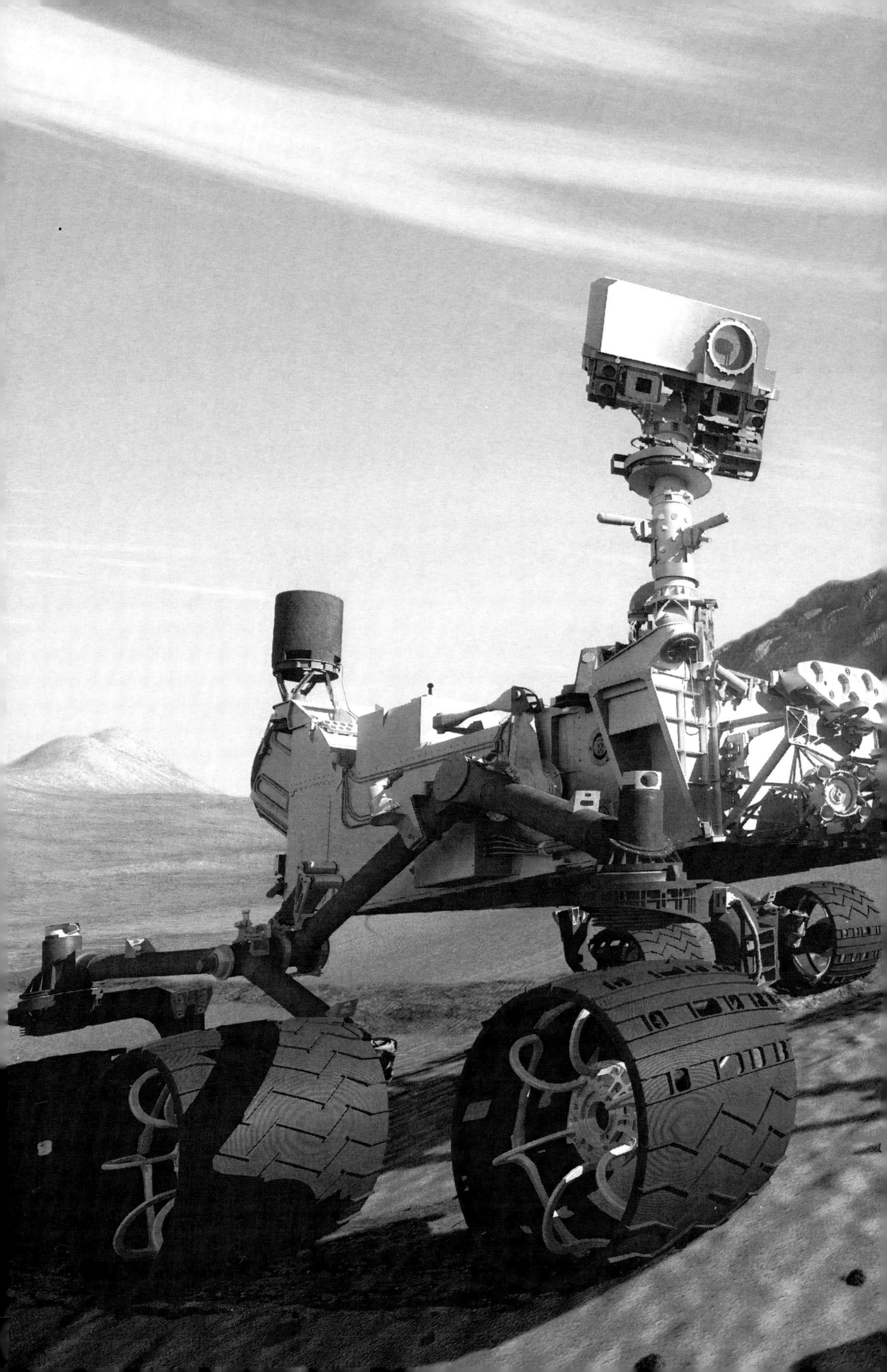

第14章
冥王星

太阳系密码

冥王星是一颗神秘的矮行星,人类的探测器"新视野号"已经飞跃了冥王星。

冥王星与海卫一有些相似,有人甚至认为冥王星曾经是海王星的卫星,后来脱离海王星束缚而成为了现在的样子。冥王星应该和海卫一一样都在原始太阳大爆炸后在远离原始太阳赤道平面的氮气层里形成的,然后便开始了漫长的飘移。

可能冥王星比海卫一在离原始太阳赤道平面更远的地方形成的,在飘移的过程中自成系统,并且拥有了好几颗卫星绕它运行,现在已知的卫星有五个,这显然和其他大

第 14 章　　　　　　　　　　　　　　　　冥王星

冥王星被将格为矮行星

行星的形成过程一样是最初气体作用的结果。

从冥王星的名称上就知道它曾经有着显赫的过去，本来它一直被人们称之为太阳系的第九大行星，后来有一些天文学家认为它不太符合太阳系大行星的条件，经过一番

太阳系密码

认真地讨论，通过表决便取消了它的太阳系大行星的资格，将其降级为矮行星了，到现在还有人对此表示愤愤不平。其实这是无关紧要的，关键是要知道冥王星的来龙去脉和在它上面会传递出一些什么样的信息。

冥王星上存在着氮气、一些有机化合物和大量的水冰，还发现有一氧化碳存在。在原始太阳大爆炸的气体中，一氧化碳存在的并不多，它们可能是在原始太阳内核中产生的，然后释放到原始太阳大气层中；也可能是在原始太阳的大气层中，由不同气层之间的强烈对流所引发的二氧化碳和水蒸气之间的一系列有机化学反应生成的，就像在这一时期生成的其他有机化合物一样。

一氧化碳气和氮气的分子相对质量相同，按照气体的密度，一氧化碳气体就必然分布在原始太阳大气层中的氮气层了。这是多么精妙的安排呀！当初地球刚形成的时候大气层中是否也存在过一氧化碳这早已无从可考了，但在冥王星上应该还保持着它当初形成时各种物质存在的状态。在氮气层还曾经存在过一些其他有机化合物，这是因为这些物质的密度比二氧化碳小比水蒸气大，这样从氮气层中形成的较大天体上往往都存在一些这样或那样的有机化合物。

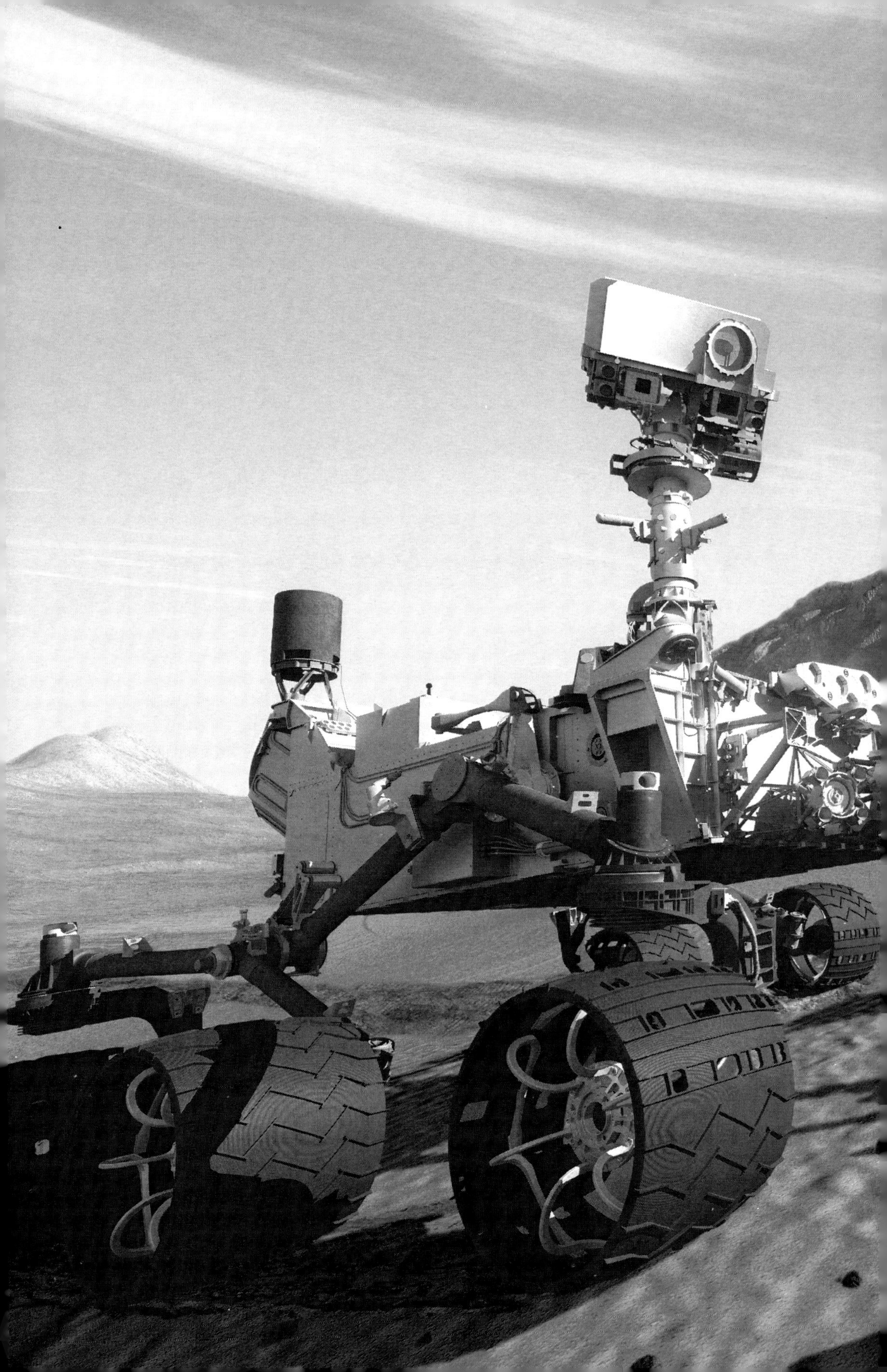

第15章
柯伊伯带

太阳系密码

在冥王星以外的一个区域还存着在一些矮行星和一些小行星,这个区域被称为柯伊伯带。这些天体可能也是在原始太阳大爆炸后,由扩散到离原始太阳赤道平面很远的爆炸碎片飘移来的。

我们在比较八大行星时会发现,只有相邻的两颗行星才有可能在某些方面相似或者相关,如果行星并未相邻,则它们的特征就相差甚远了。至于木星和火星的比较实际上是类木行星和类地行星行之间的比较,这两种行星的差别是显而易见的。

木星的卫星一般质量都比较大,密度也都比较大,

第 15 章　　　　　柯伊伯带

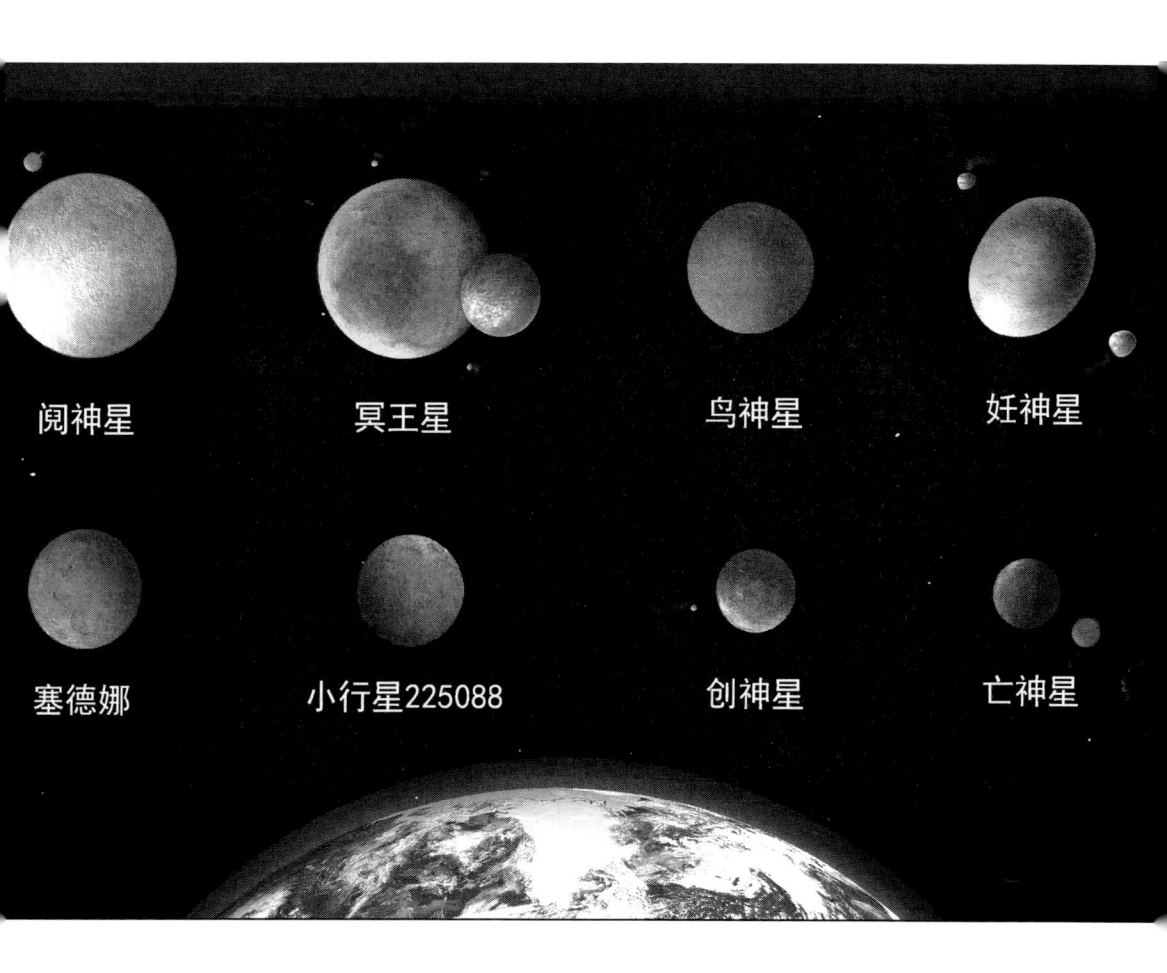

柯伊伯带天体大小与地球的比较

这被认为是符合爆炸碎片分布规律的，木卫一和木卫二甚至被认为是由来自内太阳系物质组成的。按照我们提出的太阳系形成理论，在太阳系形成过程中，水蒸气层逐渐消

105

太阳系密码

妊神星

失掉，这对太阳系的形成产生了非常巨大和极其深远的影响。原来的水蒸气层产生了大量的向外飘移的爆炸碎片和冰块，还有在水蒸气层形成过一些较大的天体。木卫二上存在大量的水，这些水不是由冰块和爆炸碎片相结合得到的，木卫二应该是爆炸碎片在离原始太阳赤道平面较远的水蒸气层里形成的，在它的上面最初应该形成了广阔的海洋，木卫二形成后经过一段飘移被正在形成的木星俘获而成为木星的卫星。

太阳系中还很多现象是可以用原始太阳大爆炸的原理来解释的，这些现象中有的互为因果，有的可以相互印证。当然还有更多的现象有待人们去发现，去研究。

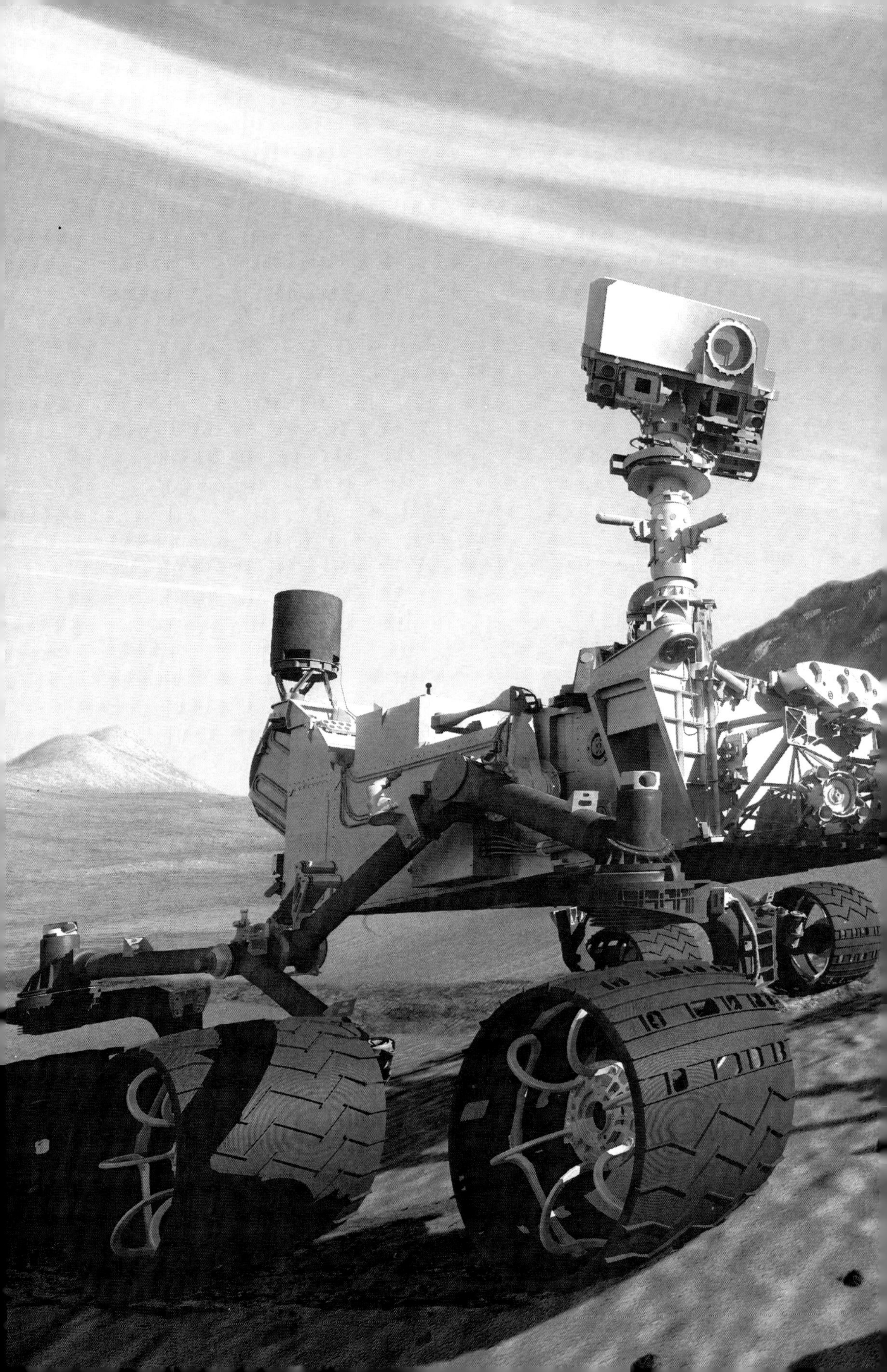

第16章

彗 星

太阳系密码

在太阳系中还有一种现象是必须要谈到的,这就是彗星。我们可以暂且忽略太阳系中一些别的现象,但是彗星的存在却是怎么也绕不过去的。

慧星是怎么回事?它们是怎么形成的?让我们先来考察一下这类神秘莫测的天体。

彗星来自太阳系的四面八方,并以极高的速度运行,每一颗彗星都是一个独特的天体,有它独特的形状、运行轨道和运行周期。现在已经证实构成彗星的物质是在极端高温高压的条件形成的,所以彗星是不会形成于广阔的宇宙空间,它们一定来自一个炽热的天体,一个即将解体的

第 16 章　　　　彗 星

彗星的不同形态

恒星，这正好符合我们前面所述大爆炸刚刚发生时的原始太阳。

太阳系密码

还记得在原始太阳大爆炸发生时,那些最早冲出原始太阳大气层奔向茫茫的宇宙空间的物质吗?它们都跑到哪里去了?真的会消失在茫茫宇宙的深处?不会的,看,它们回来了,拖着长长的尾巴回来了,这就是彗星。

原始太阳的大爆炸是发生在它内核中心的爆炸,爆炸产生的极度高温高压并没有使原始太阳立即解体。从原始太阳中心发生爆炸到这个天体彻底解体会维持一段时间,这个时间不会很长。这是因为原始太阳内核是一个巨大的球体,爆炸力要在它内部进行传递,原始太阳内核物质间强大的相互作用力使这个内核短暂地保持着完整。首先是一些爆炸气体携带着原始太阳内核的物质在原始太阳内核的许多地方冲出,呼啸地冲出原始太阳大气层,奔向茫茫

第 16 章　　　　　　　　　　　　　　　　彗　星

的宇宙空间。实际上这些物质已经进入到当时的星际空间，随后发生的原始太阳彻底解体及后来太阳系的形成，都跟这些物质关系不大，所以彗星与太阳系其他成员看起来截然不同。

我们在描述原始太阳大爆炸形成的巨大威力时曾经这样说过，只有真实地了解太阳系的客观存在，才能够真正地感受到这个爆炸形成的巨大威力。在原始太阳内核一些被冲破的地方，可能就是原始太阳内核曾经喷发过的通道，原始太阳内核的许多地方可能曾经不断地发生过喷发，而最后这次是最为猛烈同时又是最为密集的喷发。即使是这样的喷发还是没有保住原始太阳，当这样的喷发还在进行时，原始太阳在巨大爆炸力的作用下彻底解体了，原始太阳的爆炸碎片和气体一起猛烈地向外扩散。那些在

太阳系密码

原始太阳解体之前被喷发出的物质中有核爆炸的气体、原始太阳内核的物质、爆炸产生的尘埃，或许还有带电粒子。由于这些冲破原始太阳大气层的物质速度极快，在它们离开原始太阳时或许还携带了一些该大气层中的物质，如二氧化碳、氮气、水蒸气、一些有机化合物……这些物质就形成了最初的彗星。

当最初的彗星冲破原始太阳大气层进入当时的星际空间，在这些以极快速度运动的物质中还有许多气体跟随着，不过这些气体中的大部分很快从彗星上消失了。这主要是因为一般彗星的质量都不太大，导致其吸引不住大量的气体。有些气体在低温条件下以固体形式存在于慧核中，当彗星回归运行到近日点附近时，这些气体受热会从慧核喷

第 16 章　彗　星

发出来。当气体从彗星周围消失掉，气体中的小的爆炸碎片和大量的爆炸尘埃颗粒在彗星周围保留了下来，成为彗星一部分，在广漠的宇宙中运行。这有些像构成气体行星光环的物质，在气体行星形成过程中当那些细小的爆炸碎片和尘埃散布在气体中和气体一起做离心运动，最后留在了气体行星的周围，成为气体行星的光环，仔细分析，这两种尘埃分布的原理是十分相似的。用太阳系中的一种现象去验证太阳系中的另一种现象，我们称这两种现象是相互印证的，这是研究太阳系的一种方法。

彗星的物质主要都集中在彗头，彗头基本是由岩石、冰块或两者的混合物组成的，有人称彗头就是一团"脏雪球"，有的彗头就是聚集在一起的几块大的岩石。从彗星

太阳系密码

探测器"罗塞塔"发回的"丘留莫夫-格拉西缅科"彗星近距离的照片上看出,该彗星的彗头就像是一团随意甩出的"稀泥巴",显然这些物质应是在极高的温度下以极高的速度被抛出来的。

一些彗星会飞离太阳系很远,但估计不会到达离太阳最近的恒星;一些彗星会留在太阳系的周围。有人认为存在恒星间的彗星,即星际彗星,这是需要确认的。

形成气体行星光环的物质被最后离开的气体梳理得整整齐齐,此后几乎不再受到其他力的作用,平稳地在气体行星周围运行。而彗星里的细小颗粒和尘埃最初应分布得杂乱无章,它们也是从最初气体作用下获得了某种运动状态,如果不受其他因素的影响,这些物质会维持这种运动

第16章　彗　星

状态。实际上彗星周围的细小的颗粒和尘埃在运行时还是受到了一类力的作用，这就是太阳光的"压力"和太阳风的"吹力"。许多彗星会定期回归太阳系，这些彗星不管是在飞向太阳还是在飞离太阳，在太阳光和太阳风的作用下，彗星周围的细小颗粒和尘埃总是分布在彗核远离太阳的一侧，这就是所谓的慧发。彗发主要是由爆炸产生的各种尘埃构成，有的还存在一些带电粒子，虽然彗发只占彗星质量的极少部分，但在彗星回归进入太阳系时，彗发在彗头一侧会延绵很长的距离。彗星在回归进入太阳系时总是受到一些影响，或是运行周期发生变化，或是彗发一点一点消失，大概已有许多彗星坠落到太阳或者大行星上，成为消失的彗星，一些长周期彗星应被认为在回归太阳系时受的影响较小。周期彗星总是来去匆匆，它们的状态几

太阳系密码

十亿年来都几乎没有什么变化，这些彗星上保存着太阳系形成时最原始的物质，甚至彗星的彗核还保持着最初形成时的形状。彗星是如此的怪异，如此的桀骜不驯，可能与它最早脱离原始太阳大气层有关，彗星的形成几乎没有经过原始太阳大气层气体的作用，是太阳系中难得的一种物质形态。

通过前面的叙述我们可以看到，太阳系中许多现象都是环环相扣，相辅相成的，而原始太阳大爆炸就是太阳系形成总的原因，与太阳系的其他成员相比，彗星形成的直接原因就是原始太阳的大爆炸。关于在宇宙中是否曾经存在过一个原始太阳，是否发生过这个原始太阳大爆炸，这是一个极为重大而严肃问题，它关系到能否会形成现在这样的一个太阳系,关系到能否有我们,关系到我们能否在此时此刻讨论着这样一个重大而严肃的问题……而如果我们能够确认彗星形成的真正原因就是前面所说的那样,排除了彗星还存在由其他原因形成的可能,那么这个原始太阳的大爆炸就基本上被认为是确实曾经发生过。

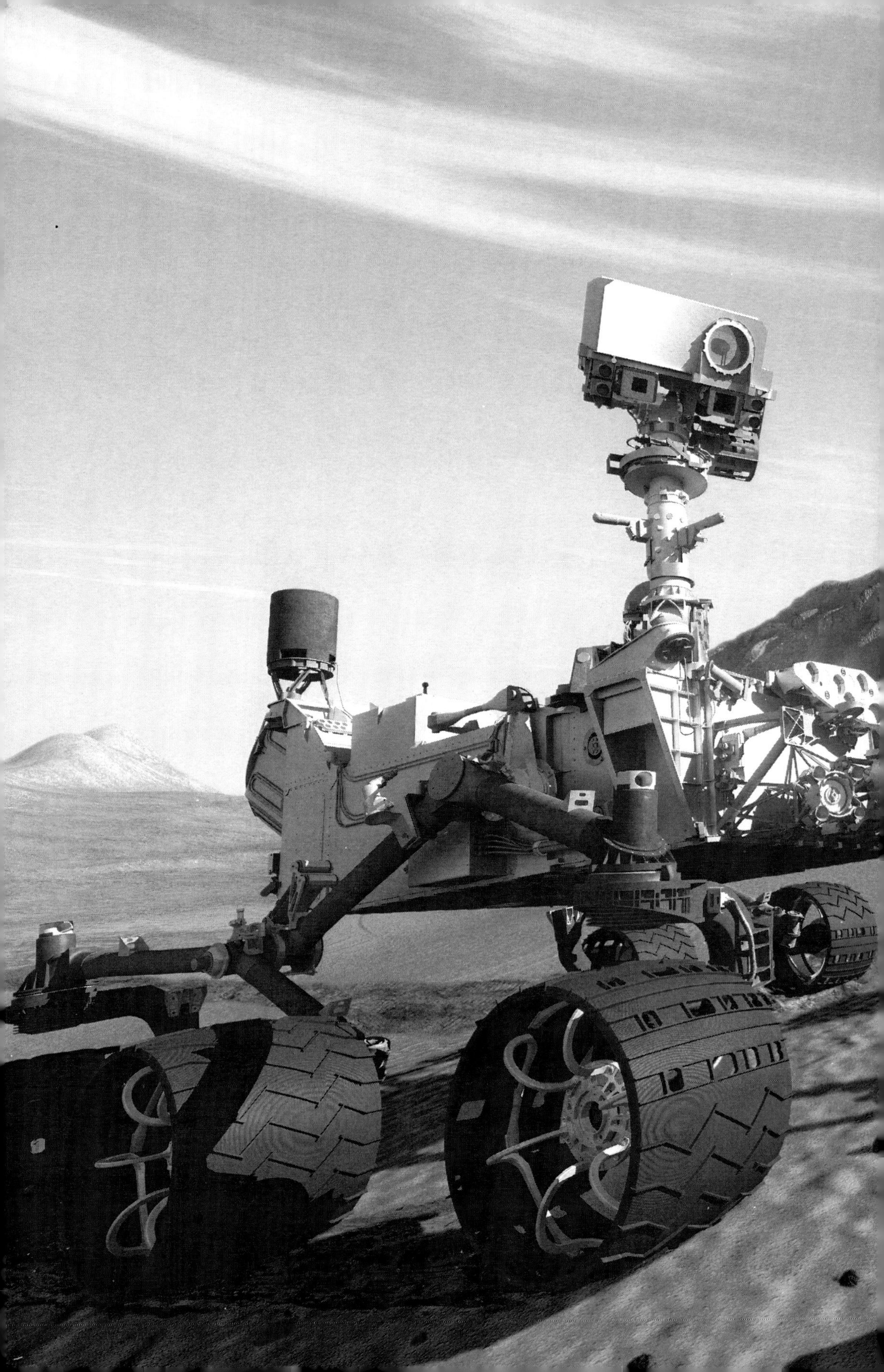

第17章
结语

太阳系密码

现在我们讲完了一个关于原始太阳大爆炸的故事，介绍了太阳系一些主要成员的形成，揭示了一些太阳系中不可思议的现象。

几十亿年的时间过去了，原始太阳大爆炸的尘埃早已落定，原始太阳已不复存在，就在这个爆炸的废墟上诞生了一个新的行星系——太阳系。在这以后的时间里太阳系慢慢变得井然有序，太阳在太阳系的中央不断地向宇宙空间辐射出强烈的光和热，各大行星以及它们的卫星都精确地在各自的轨道上运行。偶尔会发生小行星、彗星撞击大行星或太阳的事件，这样的撞击虽然无碍大局，但却让地

第 17 章　　　　　　　　　　　　　　　　　　　结语

球上的人类忧心忡忡，心存疑虑，因为如果这样的撞击发生在地球上，将给地球上的人类及所有生物带来灭顶之灾。其实这样的灾难在地球上曾经发生过，有许多种类的生物就曾在这样的灾难中在地球上消失了，不过目前还相安无事，下一次这样灾难的来临对人类来说那可能是将来很久的事了，相信到时候人类或许会自有办法能使地球逃过这一劫。

太阳带领着整个太阳系在广阔的宇宙空间漫游，这样运行的太阳系可能还会维持四五十亿年的时光吧！最后太阳系的归宿也许会像天文学家们所预言的那样……